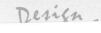

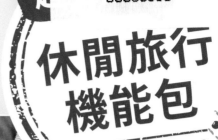

休閒旅行
機能包

兩個春天創作坊　烏瑪—著

作者序

多年前，無意中拿到學做衣服的傳單，就這樣和縫紉結下不解之緣。其實當初，只是一個單純的願望——不想和別人撞衫，想為自己做特別的衣服，卻從此勾起手作魂，由染布、軟陶一路玩到銀黏土，接觸不同的 DIY。回過頭來，自己最愛的還是縫紉，除了夢想每天穿不一樣的服裝，但每套服裝卻缺少了專屬的包包做搭配，於是全心投入包包設計之中。

雖有裁縫的基礎，但仍將心態歸零再學習。在浩瀚的手作包世界裡，有幸得到眾多前輩的不吝分享，對我而言，學習再學習，漸漸擁有自己特殊的風格，更從中探掘手作的趣味及快樂。相信很多朋友也想知道如何「從零開始」，動手做一個與眾不同屬於自己的包包，因此興起出書的想法，想和朋友們分享我的經驗，幫助和我一樣喜歡手作的朋友，完成大家的夢想。

既然是手作包，就是要獨一無二、美觀與實用並重，同時兼具個人特色，如何做到上述要點，其實有跡可循。所以，本書根據實際操作的設計原則，教導朋友們一步一步，並且隨心所欲創作屬於自己獨特風格的包包。

　　設計過程中，我喜歡採用不同材質來製作包包，透過異材質的結合，更能展現自我的獨特感，完成後又輕、又挺、又有型。經過多次試驗，終於找到特殊襯，尤其目前使用多元化材質愈來愈普遍，例如：防水布、肯尼布、仿皮革…等，有些不易、甚至不能燙襯，但沒問題！就以新時代的作法，用車縫的方式將布和襯結合，方便快速、輕盈挺直，成品極有型。如果你喜歡挺包，用特殊襯就對了！

　　秉持著每個包包都能當藝術品的信念，我恨不得將四處網羅來的各式素材呈現於作品之中，尋找材料的過程裡，陳乃禎小姐提供我多彩優質的仿皮革，使我在製作過程中省去許多繁複工序，讓作品更加完美，非常謝謝她。

　　最重要感謝出版社－大風文創，謝謝你們看見了我，謝謝專業的幕後編輯群、攝影大師小剛，因為你們的幫助，讓包包更完美呈現，還有先生、女兒的包容和支持，也謝謝一路默默支持的朋友們。

　　也期待，你們擁有本書，按照書中的技巧、配色運用與設計原則，自己創造出獨一無二的包款，能擁有你的風格、你的喜好、你的自由、你的靈魂。「永不撞包」不是夢，為你重視的人、疼惜的人、深愛的人設計一咖他專屬，無可取代的包包。

兩個春天創作坊　烏瑪

超容量
休閒旅行機能包

Contents

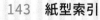 附錄－原寸大紙型

烏瑪教你～
設計包包的二三事

朋友：想訂做一咖包！
我：想要什麼樣式呢？
朋友：就是……適合我啊！和別人不一樣，最好永不撞包！
我：…＃※☆§cc………

你也有同樣的困擾嗎？要如何開始呢？究竟怎樣才能完成一咖獨一無二的包款？讓自己和朋友都滿意。沒問題！跟著烏瑪老師的作法，一步步來，輕鬆搞定！

當設計包包時，依下列的設計方向著手，首先確定使用的人後，再根據使用場合、包款、材質…等項目，依個人喜好選擇，即可訂造製作專屬風格的包包囉！

使用的人	使用場合	包款	材質	機能性	風格／布的圖案	色系	配件
輕熟女	上班	托特包	棉布	手提	◆民族風：中國傳統圖騰～龍	紅	提把
美少女	逛街	波士頓	棉麻	肩背	：原住民～百步蛇	橙	背帶
型男	菜市場	水桶包	帆布	斜背	：英國風～英國國旗	黃	拉鍊
青少男	健走	郵差包	防水布	後背	◆海洋風：船、船錨、貝殼……	綠	袋口設計
小女生	慢跑		肯尼布	腰包	◆學院風：格子系列	藍	插釦
小男生	郊遊		仿皮革	口袋配置	◆可愛風：狗、貓、恐龍、卡通人物……	靛	扭鎖
幼兒園	登山		真皮	放置物品	◆復古風：地圖、各式標籤……	紫	金屬配件
	宴會		傘布	筆記型電腦	◆浪漫風：蕾絲、愛心……	黑	鉚釘
	出國旅遊		尼龍布	iPhone	◆狂野風：迷彩、動物皮紋……	白	D 型環
				手機、相機	◆四季風：花草、風景……	灰	日型環
				長夾、零錢包	◆個性風：文字、數字……	咖啡	口型環
				鑰匙		芥末黃	問號鉤
				雨傘		土耳其藍	
				水壺		Tiffany 藍	

（表列的項目為參考用，可依個人需求增減）

烏瑪秘技的小幫手～
私房材料和工具

　　要設計獨一無二的有型美包，就要發揮不同材質的特色，融合、取捨、展現它們各自的美。近年來，除了棉、棉麻布，更愛用傘布、防水布、肯尼布、仿皮革…等，完成的作品既實用又美觀！尤其搭配優質仿皮革，瞬間提升質感，防水、好車縫，若運用於貼布機縫，不需縫份，不會鬚邊，縮短製作流程，速度加快。不同的材料若能使用不同的工具，不只事半功倍、更能提升創作的寬度及層次，讓包包有名牌風！

私房材料和工具

① **特殊襯：**是一種雙面沒有膠的襯，有一些厚度但不硬、好車縫，可以讓包包又輕又挺，用車縫的方式和布結合，不怕燙不好的煩惱，也不用擔心翻來翻去時襯脫落。適合使用在不容易或不能燙襯的材質，例如傘布、防水布、肯尼布、仿皮革…等。

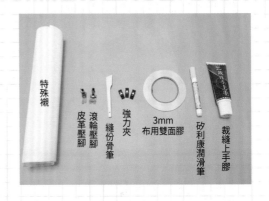

特殊襯　皮革壓腳　滾輪壓腳　強力夾　縫份骨筆　3mm 布用雙面膠　矽利康潤滑筆　裁縫上手膠

基本使用方法如下：（因應不同包款，會有不同使用技巧，在各包作法中有詳細說明。）

1 特殊襯剪裁和用布一樣的尺寸。

2 特殊襯和用布背面相對。

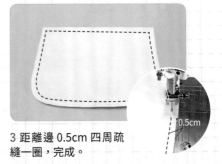

3 距離邊 0.5cm 四周疏縫一圈，完成。

特殊襯的 Q & A

Q1: 可以運用在棉或棉麻布嗎？
A1: 可以喔！以下的作法，個人覺得效果最好。棉或棉麻布先燙厚布襯 (不含縫份)，後燙薄布襯 (含縫份)，再和特殊襯車縫結合，扎實又輕、挺。

Q2: 可以運用在帆布類？
A2: 可以！直接和特殊襯車縫結合即可。

Q3: 有正、反面或橫、直紋的分別嗎？
A3: 雙面都可用，沒有方向性，可自由運用。

Q4: 可以翻光作法嗎？
A4: OK！返口盡量留大一些，才好翻出。雖會有皺褶但不影響挺度。

Q5: 可以熨燙嗎？
A5: OK！沒問題。翻出後表布有皺褶，若需整燙，特殊襯耐高溫、可開蒸氣，但要考量用的表布是否能熨燙。

Q6: 完成的作品可以下水洗嗎？
A6: 沒問題！

②皮革壓腳＆滾輪壓腳

因防水布或仿皮革的正面摩擦力較大，一般的壓腳會推不動，所以一般的防水布和仿皮革，在正面壓線或者車縫裝飾線時，可用皮革壓腳。若是表面較光滑的防水布則可用滾輪壓腳。

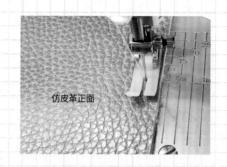

仿皮革正面

③縫份骨筆：不能熨燙的材質，整理縫份時可以用骨筆刮順。

尼龍防水布

④強力夾：用於固定布料，因有些防水布，若使用珠針會留下針孔，無法復原。

⑤ 3mm 布用雙面膠：

1. 可用於黏合布料，尤其車縫拉鍊時。

2. 在防水布、仿皮革正面不易畫記號線時，可以當做記號。

★黏合布料時，盡量貼在布邊，因有些布料，會在一段時間後才滲出，表面會有痕跡。

1 黏在拉鍊正、背面的兩側，固定布和拉鍊，以利夾車拉鍊。

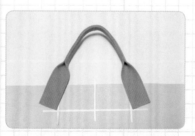

2 如圖在合成皮表面做車縫提把的記號。

⑥矽利康潤滑筆：塗抹在要車縫的部分，以利車縫。尤其在表面光滑的防水布或仿皮革正面壓線時。

⑦裁縫上手膠：用於黏合布料，如夾包類，可先塗在內裡背面側邊四周，再用強力夾夾住至少 8 小時，可牢固接合不脫落。

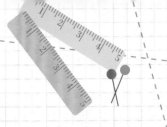

烏瑪的眉角～
開始前要會的技巧

認識紙型記號
不知道就
做不下去

① 摺雙 ——————　　③ 直布紋方向 ↕

② 貼邊線 —·—·—·—　　④ 褶子 Λ

⑤ 紙型合併後剪裁 ⌒ ⌣

⑥ 打褶方向：往左摺／往右摺

⑦ ↔ 12× ↕ 28 表示：橫布紋 12× 直布紋 28

⑧ 疏縫、壓線、車縫裝飾線時，縫份 0.2~0.5cm，
　 針趾 3~4(縫紉機記號)，依想要的效果決定。

拉鍊擋布

拉鍊背面

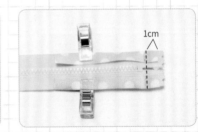
1cm

1 裁剪拉鍊擋布 ↔ 5cm× ↕ 8cm2 片。（★擋布寬度為拉鍊的寬度左右各加
1cm，長度為 8cm。）
在拉鍊的兩端，擋布和拉鍊正面相對，如圖包住拉鍊，車縫末端縫份 1cm。（擋
布如果是棉或棉麻布，先燙薄布襯，防水布則不用。）

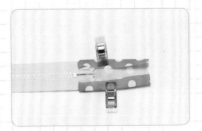
2 將擋布翻出正面向外。

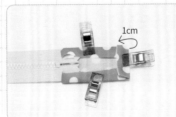
1cm
3 末端往內摺縫份 1cm。

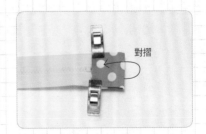
對摺
4 再往內對摺，對齊左邊車縫線。

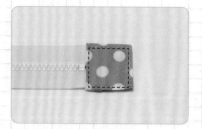

5 回到正面，口字車縫固定。

6 另一邊作法相同，完成拉鍊擋布。

支架口金
拉鍊口布

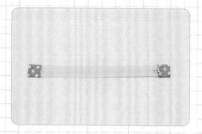

1 取拉鍊一條在兩端先車縫拉鍊擋布。

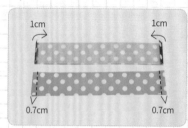

1cm   1cm

0.7cm   0.7cm

2 裁剪口布表、裡布各兩片，背面的兩端往內摺縫份 1cm，回到正面車縫 0.7cm 固定。

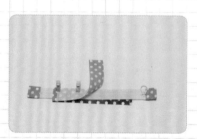

3 表、裡布正面相對，置中夾車拉鍊，表布正面和拉鍊正面相對。

4 回正面表、裡布往側邊摺，背面相對（如圖）。另一側作法相同。

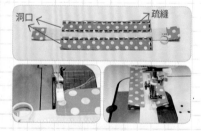

洞口   疏縫

5 如圖示記號線車縫固定，一端要留洞口以穿入支架口金。
★在正面 L 型車縫裝飾線。
★最外側的兩側邊，疏縫固定表、裡布。

滾邊條製作
＆滾邊方法

直布紋　橫布紋

a　45°　正斜布紋

45°　b

1 將尺放在布的正斜方向。（當 a 和 b 的長度相同時，尺的方向就是正斜方向）。

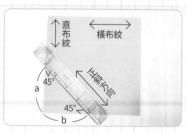

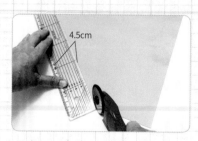

4.5cm

2 用裁刀順著正斜方向裁剪滾邊條所需寬度，縫份 1cm 時，滾邊條需 4.5cm。

3 依此方式裁剪需要的數量。

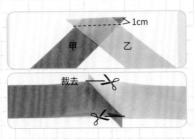

4 當滾邊條不夠長時，可以將兩條滾邊條布邊正面相對，如圖甲→乙縫份1cm 車縫接合。縫份倒向左右兩側，將上下多餘的縫份剪掉，兩條布邊是平的。

5 滾邊條和袋身正面相對，先用強力夾固定，接合處的作法和 4 相同。結合後四周車縫固定。

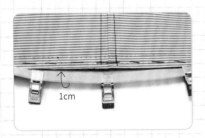

6 滾邊條向側袋身反摺，再往內摺1cm。

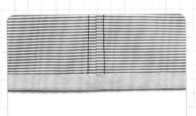

7 最後摺向側袋身，蓋住原來的車縫線，用工字縫疏縫固定滾邊條。

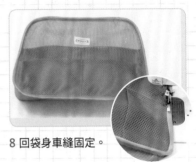

8 回袋身車縫固定。

百搭側口袋

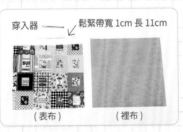

1 按各別袋型裁剪側口袋表裡布各一片，裡布上面的縫份 2.5cm，其它為1cm。

2 表裡布正面相對，上下各自對齊，車縫固定。

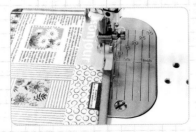

3 翻回正面，袋底對齊，袋口會多出約 0.5cm 的裡布，在表裡布接合處先車縫裝飾線。

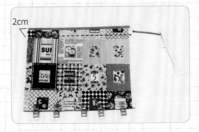

4 袋口下 2cm 處車縫一道，再將鬆緊帶穿入。

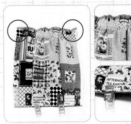

5 鬆緊帶穿入後，在兩端各自車縫固定鬆緊帶（回針縫），袋底打摺後疏縫固定。

6 再 U 字車縫固定在表側袋身上。左、右側疏縫，袋底一般車縫。

水壺、雨傘、保溫瓶、冰霸杯……，讓它們有個好歸宿，不會四處晃盪。

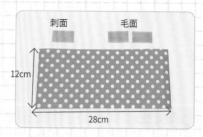

刺面　　毛面

12cm

28cm

1 先準備↔ 28× ↕ 12 布一片，魔鬼氈寬 2.5cm 長 4.5cm 刺面 1 片、長 4.5cm 毛面 2 片。
（棉和棉麻布請燙厚布襯，防水布則不需要燙襯）

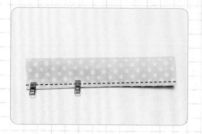

2 用布正面相對車縫固定。

車縫線

3 翻出回到正面，車縫線置中縫份倒向兩側。

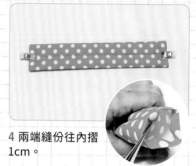

4 兩端縫份往內摺 1cm。

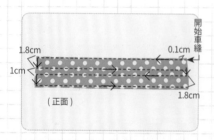

開始車縫

1.8cm　　0.1cm

1cm

（正面）　　1.8cm

5 回到正面，依記號線車縫裝飾線。

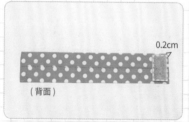

0.2cm

（背面）

6 將魔鬼氈刺面車縫固定在背面的一端，完成水壺絆帶。

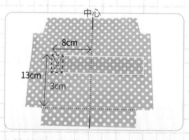

中心

8cm

13cm

3cm

7 按照圖示位置，將水壺絆帶車縫固定在裡袋上。如圖，口字和交叉車縫。

中心

1cm　2cm

8 再將魔鬼氈毛面車縫固定在裡袋上。

9 完成。（★絆帶長度和車縫在裡袋的位置，可依要放的物品而調整。）

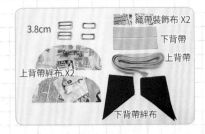

1 準備配件和材料：內徑 3.8cm 日型環、口型環各 2 個。3.8cm 織帶裁剪 90cm 2 條上背帶、12cm 2 條下背帶。織帶裝飾布（↔ 6.5× ↕ 4）2 片。上背帶絆布、下背帶絆布左右各 2 片（背帶絆布若為棉或棉麻布，請先燙厚布襯；若是防水布，則不用燙襯）。

2 先將下背帶套入口型環對摺。

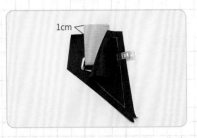

3 依圖示下背帶絆布正面相對，夾車下背帶口型環。

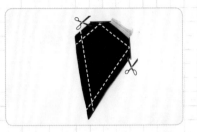

4 車縫後將直角邊修掉（約剩下 0.3cm）。

5 翻出回到正面，如圖示距離邊 0.2cm 壓線，完成下背帶絆布組合，製作兩組。

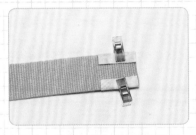

6 兩條上背帶末端各自車縫裝飾布。裝飾布正面和織帶相對（如圖）。

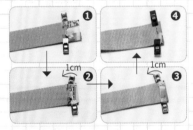

7 ❶織帶裝飾布往外翻出，❷往內摺 1cm，❸再一次往內摺 1cm 蓋住車縫線，❹回到正面車縫固定。

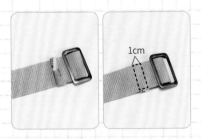

8 將這端由下往上套入日型環，回到正面如圖車縫固定。

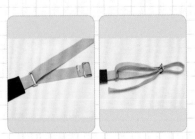

9 再套入下背帶絆布組合的口型環，依圖示穿入日型環，完成兩組背帶。

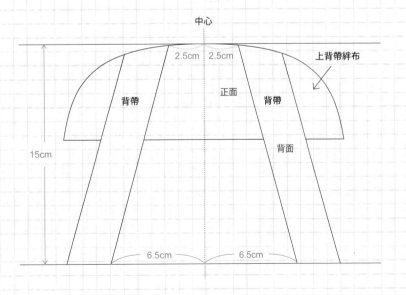

10 按照圖形標示車縫組合背帶。

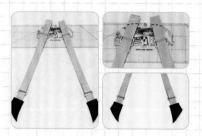

11 可以利用 15×60 的裁尺作為輔助，按照 10 圖示相對位置將背帶和上背帶絆布表布正面相對，疏縫固定。請留意下背帶絆布的左右方向。

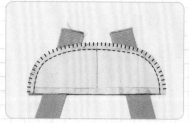

12 上背帶絆布裡布後片如圖與前片正面相對，車縫弧度。在弧度處剪牙口。

13 翻出回到正面，弧度處壓 3 道線。

14 完成超好背組合背帶。

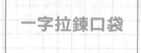

一字拉鍊口袋

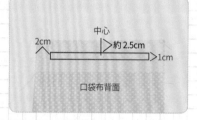

1 口袋布與袋身要車拉鍊的部位先燙薄布襯，在口袋布背面畫拉鍊開口記號，開口尺寸＝拉鍊長度＋0.5cm，口袋布的寬度＝拉鍊長度＋4cm，口袋布的長度依據個人需求或是袋身的高度。

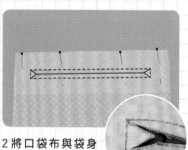

2 將口袋布與袋身正面相對，依據記號線車縫一圈，然後剪開中心 Y 字，剪到 Y 字底，只留約 0.1cm。

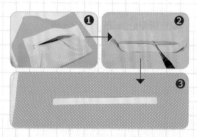

3 ❶將口袋布從開口穿進去。❷翻到背面，將開口兩側長邊的縫份燙開，❸再回到正面整燙開口，尤其四個角落。

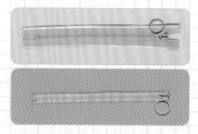

4 在拉鍊正面的兩側長邊先貼上 3mm 布雙面膠，再將拉鍊固定黏合在開口處。

5 換拉鍊半邊壓腳沿著布邊約 0.1cm 車縫一圈。若是防水布和仿皮革就用皮革半邊壓腳。

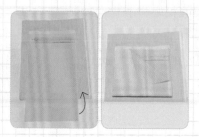

6 回到背面，將口袋布往上摺與口袋布的上方對齊，可用珠針ㄇ字固定口袋布。

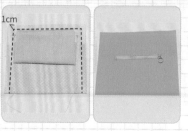

7 將袋身摺疊至小於口袋布，以便ㄇ字車縫口袋布。攤開袋身，完成。

可調式背帶

1 準備織帶長約 140cm，兩端先車好織帶裝飾布 (參考 P.13 步驟 6、7)，1 個日型環、2 個問號鉤。

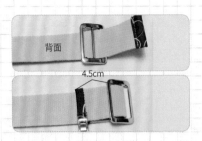

背面

4.5cm

2 織帶背面向上從日型環底部向上套入反摺約 4.5cm。

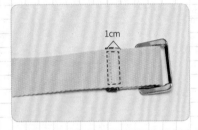

1cm

3 回到正面口字車縫固定。

4 再將另一端穿入問號鉤。

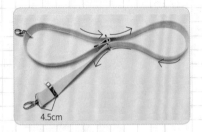

4.5cm

5 如圖反摺套入日型環後，再穿入另一問號鉤反摺約 4.5cm。

1cm

6 回到正面口字車縫固定，完成可調式背帶。

—以下請參考兩個春天創作坊影片—

碼裝拉鍊的改造

鉚釘固定釦安裝

認識雞眼釦及安裝

特殊襯與布密切結合的眉角

01 3way 機能腰包

假日出遊輕便出門的最佳選擇,是能斜背、肩背的好用腰包,還能當作大包中的袋中袋,大包放車上,將腰包輕鬆一扣就可以悠遊自在。

▶本包作法／P.18
▶完成尺寸／寬 26× 高 16× 厚 6cm
▶原尺寸大紙型／A面

善用背帶變化前背、後背，自在取物。

包型小巧卻有放得下水瓶的可靠容量。

撞色貼式口袋可放悠遊卡、車票等小物件，不擔心遺失。

裁布表（紙型不含縫份，除特別標示外，製作時請加縫份 1cm。數字尺寸已含縫份。）單位：cm

部位	尺寸	數量	襯	數量	備註
【表袋身】					
❶ 袋蓋（表：防水布） 　　（裡：防水布）	紙型 A 紙型 A	表 1 裡 1	特殊襯（紙型 A） 特殊襯（紙型 A1）	1 1	
❷ 前、後表袋身（防水布）	紙型 B	2	特殊襯	2	
❸ 前表袋口袋布（防水布）	↔ 17× ↕ 22	1	X（若是用棉布，可燙薄襯） （燙半襯↔ 15× ↕ 10）		
❹ 插釦環絆布（防水布）	↔ 6.5× ↕ 11	4	X		
❺ 織帶裝飾布（防水布）	↔ 7× ↕ 4	8	X		
【裡袋身】					
❶ 前、後裡袋身（防水布）	紙型 B	2	X（若是用棉布，可燙薄襯）		
❷ 開放口袋布（防水布）	↔ 19× ↕ 22	2	X（若是用棉布，可燙薄襯） （燙半襯↔ 15× ↕ 10）		
❸ 拉鍊口袋布（防水布）	↔ 19× ↕ 28	1	X		

※ 特殊襯可依個人喜好換用其他襯。

◆ 用布量　　1. 表布防水布：約 1 尺　　2. 裡布防水布：約 1 尺　　3. 口袋布防水布：約 1 尺

材料 & 配件

(1) 3.8cm 織帶 5 尺　　(2) 塑鋼插釦（內徑約 1.9cm）2 組　　(3) 3V 塑鋼拉鍊 15cm 1 條
　　　　　　　　　　　　　塑鋼插釦（內徑約 4cm）1 組　　(4) 塑膠底板

★ 本包密技 ★　①腰帶環三環設計，更能體貼腰部，運動過程腰包不會上下晃動。
②袋蓋加上插釦環設計，行動時物品不會掉出增加安全性。

How To Make

和特殊襯結合

01　袋蓋表、裡布和前、後表袋身，先各別和特殊襯車縫。

製作插釦環絆布

02　準備 2 組插釦（內徑約 1.9cm）、4 片插釦環絆布。

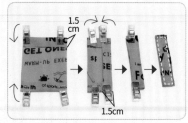

1.5 cm

1.5cm

03　將釦環絆布上下左右往內摺 1.5cm，再左右對摺，四周車縫一圈。

18

製作腰帶環 & 腰帶

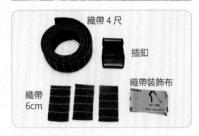

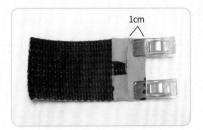

④ 如圖套入插釦，完成 2 組。

⑤ 材料和配件：3.8cm 織帶 4 尺、插釦 (內徑約 4cm)1 組、3.8cm 織帶 6cm 3 片 (腰帶環用)、織帶裝飾布 8 片。

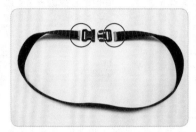

⑥ 織帶裝飾布（如圖）和腰帶環織帶正面相對，側邊縫份 0.7cm 車縫一道。將織帶裝飾布往側邊翻出。

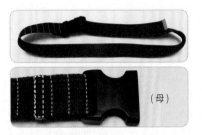

⑦ 往內摺 1cm。

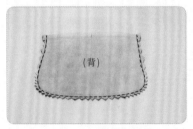

⑧ 再往內摺約 1.2cm，蓋住原來的車線，回正面車縫。完成 3 個。

⑨ 同前，腰帶織帶的兩端也車裝飾布，再套入插釦。

製作袋蓋

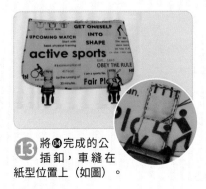

⑩ 套入插釦約 4.5cm，看織帶正面口字車縫固定。

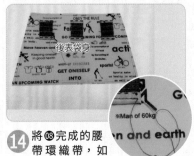

⑪ 袋蓋表、裡布，正面相對，U 字車縫一道，四周剪牙口。

⑫ 翻回正面，距離邊 0.3cm U 字車縫壓線。

製作袋身

⑬ 將④完成的公插釦，車縫在紙型位置上（如圖）。

⑭ 將⑧完成的腰帶環織帶，如圖車縫在紙型位置上。
將線頭穿入背面，打結收尾，更牢固。

⑮ 前表袋身可先車口袋，再和後表袋身正面相對，底部車縫一道。

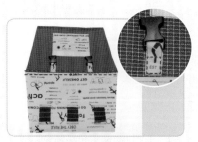

⑯ 底部縫份倒向兩側，正面左右 0.5cm 各壓一道線。再將⑭完成的母插釦，如圖車縫在紙型位置上。

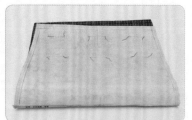

⑰ 將⑯完成的表袋身，上下正面相對，左右各車縫一道。

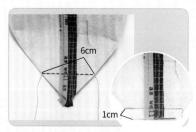

⑱ 直角打底、車縫 6cm，兩端回針縫、留線頭打結。留縫份 1cm，剪掉多的三角形部分（如圓圖）。

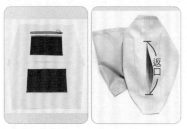

⑲ 裡袋依個人需求製作口袋，組合方法如表袋⑮~⑱，唯底部留返口。

⑳ 將⑬完成的袋蓋和後表袋身正面相對，兩者的上方對齊。

㉑ 上方疏縫。

㉒ 將㉑完成的表袋套入裡袋（正面相對），袋口車縫一圈。

㉓ 由返口翻出。

㉔ 距離袋口約 0.5cm 車縫裝飾線一圈。

㉕ 由返口放入底板，縫合返口。

㉖ 腰帶穿入腰帶環。

㉗ 完成。

02

時光寶盒祕密三層包

如置身童話世界的箱型袋身設計，獨特的立體版型，精巧可愛的包身，每一次掀蓋都有打開驚喜寶盒的雀躍感。

▶本包作法／P.22
▶完成尺寸／寬 28× 高 18× 厚 13cm
▶原尺寸大紙型／A面

裁布表（紙型不含縫份，除特別標示外，製作時請加縫份 1cm。數字尺寸已含縫份。）單位：cm

部位	尺寸	數量	襯	數量	備註
【表袋身】					
❶ 表袋身（仿皮革）	紙型 A1	1	特殊襯	1	★特殊襯 依據紙型 A 摺雙剪裁
❷ 表袋底（仿皮革）	紙型 A2	2			
❸ 前表袋口袋（表：仿皮革） 　　　　　（裡：薄防水布）	紙型 B	表 1 裡 1	X		
❹ 袋蓋（表：防水布） 　　　（裡：防水布）	紙型 C	表 1 裡 1	特殊襯	1	
❺ 前表袋裝飾布（防水布）	↔ 3× ↕ 30	1	X		
❻ 兩側掛耳（防水布）	↔ 4× ↕ 5	2	X		
❼ 提把布（仿皮革）	↔ 3.5× ↕ 25	2	特殊襯	2	→ 2× ↑ 23
❽ 出牙布（防水布）	長 47× 寬 3.4	2	X		★正斜布
❾ 袋口拉鍊擋布（防水布）	↔ 5.5× ↕ 8	2	X		
【裡袋身】					
❶ 裡袋身（防水布）	紙型 A	1	X		
❷ 拉鍊口袋布（薄防水布）	↔ 22× ↕ 30	1	X	1	
❸ 開放口袋布（薄防水布）	↔ 20× ↕ 24 ↔ 17× ↕ 22	1 1	X	1	

※ 特殊襯可依個人喜好換用其他襯。

◆ 用布量
1. 表布圖案布：防水布 2 尺
2. 配布：仿皮革 2 尺
3. 裡布：防水布 2 尺
4. 口袋布：薄防水布 1 尺

材料 & 配件
(1) 扭鎖（銀色）↔ 4.5× ↕ 2cm 1 組
(2) 日型環 3.2cm 1 個、D 型環 1.2cm 2 個
(3) 問號鉤 3.2cm 2 個
(4) 彩色鉚釘 8mm×6mm 4 個
(5) 3.2cm 織帶 4 尺
(6) 5V 塑鋼拉鍊 40cm 1 條、
　　 5V 拉鍊頭 2 個
(7) 3V 塑鋼拉鍊 17.5cm 1 條
(8) 5mm 出芽塑膠條 34cm 2 條
(9) 塑膠底板

★ 本包密技 ★
① 一體成型的袋身設計。
② 隱密又開放的口袋設計，只有自己知道。

How To Make

製作提把

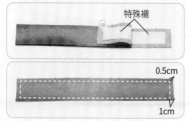

❶ 先將特殊襯以布用雙面膠，置中黏在提把布的背面，再將兩片提把布背面相對，長的一側沿邊車 0.5cm，短的一側沿邊車 1cm。

❷ 用裁刀將長的一側沿邊裁去 0.3cm，短的一側沿邊裁去 0.5cm，完成提把。

製作兩側掛耳 & 出芽條 & 拉鍊擋布

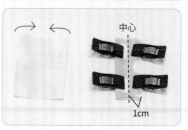

❸ 將掛耳布左右各往中心摺 1cm。

④ 再左右對摺，左右各車縫一道，套入 1.2cmD 型環後對摺，在 1cm 處車縫固定，完成 2 個。

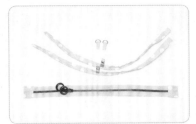

⑤ 製作 2 條出芽條（參考 P.129 ⑥～⑦）；取 5V 拉鍊 40cm 套入兩個拉鍊頭（參考 P.84 ⑥～⑨），在兩端車好擋布裝飾（參考 P.9)。

製作袋蓋

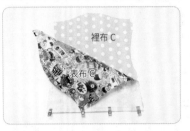

⑥ 先將袋蓋表布 C 和特殊襯四周車縫，再和袋蓋裡布正面相對。

⑦ 如圖車縫上面ㄇ字的部分，車完在弧度處剪牙口，然後翻出。

⑧ 再如圖沿著三周邊線 0.5cm 車縫壓線，完成袋蓋。

製作前表袋口袋

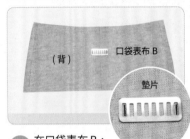

⑨ 在口袋表布 B，依紙型標示扭鎖的位置，利用扭鎖墊片將需要挖洞的 2 個部位標記出來，用剪刀剪一小洞。

⑩ 將扭鎖的兩個插頭，從正面插入，背面先放兩片特殊襯，再套入墊片。

⑪ 用尖嘴鉗將兩個插頭往內摺好固定。

⑫ 正面完成圖。

⑬ 將前表袋口袋 B 的表布和裡布，正面相對。

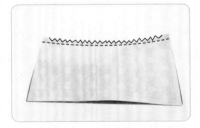

⑭ 車縫上方，因略有弧度，所以要剪牙口。

⑮ (1) 翻到正面，上方沿邊 0.5cm 車縫裝飾線。(2) 前表袋裝飾布對摺和前表袋口袋 B 下方對齊，疏縫一道。(3) 扭鎖兩側用彩色鉚釘 8mm x6mm 固定。

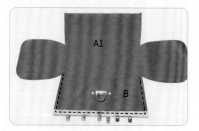

⑯ 將完成的⑮，放在表袋身 A1 的前袋身上，如圖 U 字疏縫。

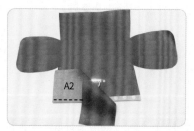

⑰ 取一片表袋底 A2，如圖正面相對車縫下部，攤開後縫份倒向袋底，沿線 0.2cm 壓線。

⑱ (1) 將⑧完成的袋蓋，放在表袋身 A1 的後袋身上，下部對齊，疏縫左右兩側。(2) 再將另一片表袋底 A2，如圖正面相對車縫下部。

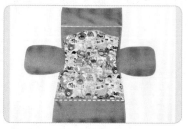

⑲ 縫份倒向袋底，回到正面沿著車縫線 0.2cm 壓線。

⑳ 特殊襯要車拉鍊的位置，先剪去↔35×↕1.5 的長方形洞口，再和⑲疊合四周疏縫 (袋蓋可以先往上翻，以免車到)。

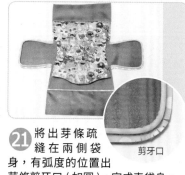

㉑ 將出芽條疏縫在兩側袋身，有弧度的位置出芽條剪牙口 (如圖)，完成表袋身。

剪牙口

㉒ 裡袋依據個人需求製作口袋。

㉓ 先將㉑表袋身袋蓋往上翻，再將㉒的裡袋與其正面相對。(※ 注意：前表袋身↔前裡袋身，後表袋身↔後裡袋身)

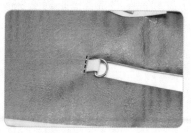

㉔ 依紙型標示位置先畫出一長方形↔34×↕1.2，車縫一圈，再按照 P.14 一字拉鍊作法，從中間剪開，兩端則如圖剪一個丫字。

㉕ 將裡袋從洞口翻到後面，前後左右整理好，如圖表袋、裡袋四周對齊，用強力夾固定，可以用橡皮槌，將洞口四周輕輕敲打整平。

㉖ 將掛耳放入，來回車縫 3 道固定，另一側相同。

㉗ 將 5V 40cm 的雙頭拉鍊從裡面放在洞口固定，沿邊 0.2cm 車合四周。

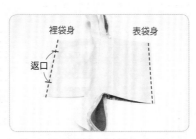

裡袋身　　　表袋身

返口

㉘ 如圖，表袋、裡袋各自正面相對先車縫底部，縫份倒向左右兩側。裡袋底預留返口約 20cm。

㉙ (1) 看正面沿袋底中線左右各 0.5cm 壓線 (此時袋口拉鍊打開，比較好車)。(2) 再和兩側袋身車合。

㉚ 由返口翻出回正面，放入底板，縫合返口。

㉛ 依紙型標示固定提把。

㉜ 參考 P.15 製作背帶，完成囉！

帶你進入童話世界的寶盒。

03

19cm
醫生口金
多用包

取材於深受愛戴、經典不墜的醫生口金包，打開時一目瞭然、易找好收是其最大特點，此次採用 19cm 尺寸，是女生使用更顯可愛的黃金比例。

▶本包作法／P.28
▶完成尺寸／寬 23× 高 24× 厚 9.5cm
▶原尺寸大紙型／A面

裁布表（紙型不含縫份，除特別標示外，製作時請加縫份 1cm。數字尺寸已含縫份。）單位：cm

部位	尺寸	數量	襯	數量	備註
【表袋身】					
❶ 前上表袋身（超纖仿皮革）	紙型 A1	1	特殊襯	2	★特殊襯依據紙型 A 剪裁 ★紙型 A1 下部縫份是 1.5cm ★紙型 A2 上部縫份是 1.5cm ★紙型 B 的上部不要縫份
❷ 前下表袋身（防水布）	紙型 A2	1			
❸ 後表袋身（防水布）	紙型 A3	1			
❹ 表袋底（超纖仿皮革）	紙型 B	2			
❺ 口金釦環帶（超纖仿皮革）	紙型 C1	2	X		★★紙型 C1、C2、C3 紙型已含縫份 1cm
❻ 前口金拉片（超纖仿皮革）	紙型 C2	2	X		
❼ 口金釦環帶固定絆布（超纖仿皮革）	紙型 C3	1	X		
❽ 後口金布（長）（超纖仿皮革）	↔ 35.5× ↕ 7	1	X		
❾ 前口金布（短）（超纖仿皮革）	↔ 34× ↕ 7	1	X		
❿ 提把布 E1(超纖仿皮革）	↔ 3× ↕ 26	2	X		
⓫ 提把握布 E2(超纖仿皮革）	↔ 6× ↕ 9	1	X		
⓬ 掛耳布 E3(超纖仿皮革）	↔ 2x ↕ 10	2	特殊襯 ↔ 1.5× ↕ 9	2	
⓭ 背帶釦環絆布 E4(超纖仿皮革）	↔ 2× ↕ 10	2	特殊襯 ↔ 1.5× ↕ 9	2	
⓮ 背帶 E5(超纖仿皮革）	↔ 2× ↕ 90	4	X		
⓯ 前表袋上口袋布（防水布）	↔ 18× ↕ 20	1	X		
⓰ 前表袋下口袋布（防水布）	↔ 18× ↕ 18	1	X		
⓱ 後袋身拉鍊口袋布（防水布）	↔ 19× ↕ 38	1	X		
【裡袋身】					
❶ 前、後裡袋身（防水布）	紙型 A	2	X		
❷ 拉鍊口袋布（防水布）	↔ 19× ↕ 38	1	X		
❸ 開放口袋布（防水布）	↔ 15× ↕ 28 ↔ 17× ↕ 32	1 1	X		

※ 特殊襯可依個人喜好換用其他襯。

◆用布量　　1. 表布圖案布：防水布 2 尺　　2. 配布：超纖仿皮革 3 尺　　3. 裡布＋口袋布：防水布 2 尺

材料 & 配件

(1) 扭鎖：寬約 5cm 高約 3cm 1 組
(2) 問號鉤 2cm 4 個
(3) 長型日環 1.5cm 2 個
(4) 口型環 2.5cm 2 個
(5) D 型環 2cm 4 個
(6) 鉚釘 8mm×10mm 2 組、鉚釘 8mm×6mm 8 組
(7) 3V 塑鋼拉鍊 15cm 2 條
(8) 布用雙面膠
(9) 19cm 醫生口金 1 組
(10) 塑膠底板

How To Make

★ 本包密技 ★ ①黃金比例的打版有精品的格局，又能展現青春可愛的氣息。
②名牌風提把、背帶的製作方式，可手提、肩背、斜背、後背，多用途設計。

製作提把

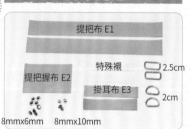

01 需要的材料和配件。

02 取 2 片提把布 E1 背面相對，上下兩側離邊 0.5cm 各車一道，前後要回針縫，線頭剪乾淨。

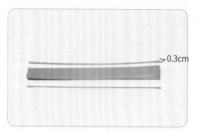

03 上下各裁去 0.3cm。

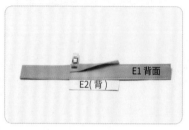

04 提把握布 E2 置中包住❸的提把，提把 E1 的正面對提把握布 E2 的背面。

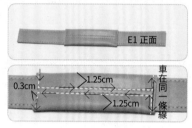

05 回正面如下圖箭頭方向車合。

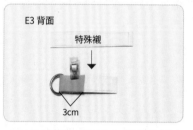

06 先將特殊襯以布用雙面膠置中黏在掛耳布 E3 的背面，一端穿入 D 型環，往中間摺 3cm。

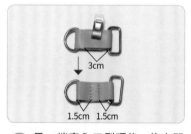

07 另一端穿入口型環後，往中間摺 3cm(如圖上)，距離左右兩邊 1.5cm 各車一道，每道線來回三次，增強牢固性(如圖下)。

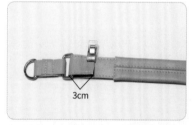

08 將❺完成的提把一端穿入❼的掛耳口型環，往中間摺 3cm，另一端作法相同。

09 用 8mm x 6mm 的鉚釘固定(如圖)，完成提把組。

製作背帶

10 取 2 條背帶 E5 背面相對，四周沿邊車縫 0.5cm，四周再裁去 0.3cm。

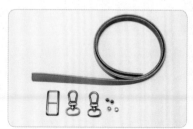

11 完成背帶，每一條背帶搭配 1 個長型日環＋ 2 個 2cm 問號鉤＋ 2 組 8mm x 6mm 鉚釘。

12 背帶的一端從下面往上如圖穿入長型日環，以鉚釘固定。

製作口金釦環帶

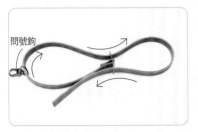

(13) 另一端穿入問號鉤，再如圖穿回長型日環。

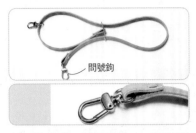

(14) 穿入另一個問號鉤，以鉚釘固定，完成背帶。另一條背帶作法相同。

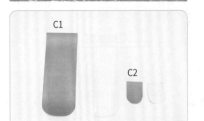

(15) 在口金釦環帶 C1 的背面，先黏上布用雙面膠，前口金拉片 C2 也是。

(16) 取 2 片口金釦環帶 C1 背面相對，四周沿邊車縫 0.5cm，再於左、下、右 U 字裁去 0.3cm。前口金拉片 C2 作法相同。

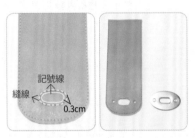

(17) 依據紙型標示位置，畫出扭鎖洞口位置，距離標示線 0.3cm 車縫一圈，依據記號線將洞口的布剪掉，按照扭鎖螺絲的洞，剪出兩個小洞。

(18) 釦環帶翻到背面，先放上扭鎖墊片，將兩側螺絲鎖緊，完成口金釦環帶。本作品因扭鎖背面別緻，所以將背面當作正面，但作法相同。

製作前表袋口袋

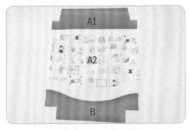

(19) A1、A2、B 這三部分裁布時，需留意縫份。A1 的下部縫份是 1.5cm；A2 的上部縫份是 1.5cm；B 的上部不要縫份。

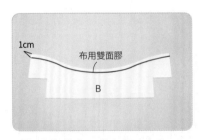

(20) 在表袋底 B 的上部，先畫 1cm 縫份的記號，沿著弧度黏上布用雙面膠。

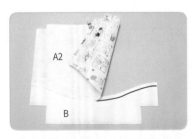

(21) 將前下表袋身 A2 正面的下部，黏在表袋底 B 背面的上部（沿著 1cm 記號）。

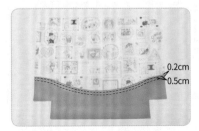

(22) 回到正面，沿著邊線 0.2cm 車縫，0.5cm 車縫裝飾線。

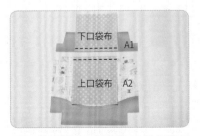

(23) 前表袋下口袋布和 A1 的下部正面相對。前表袋上口袋布和 A2 的上部正面相對，各自車合，縫份 1cm(如圖)。

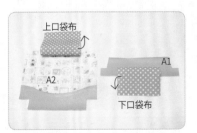

(24) 前表袋上口袋布往上翻；前表袋下口袋布往下摺。

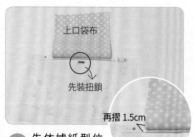

㉕ 先依據紙型位置安裝扭鎖,再把前表袋上口袋布往下摺 1.5cm。

㉖ 回到正面沿著上布邊 0.5cm 車縫裝飾線。

㉗ 前表袋下口袋布往下摺,沿著車縫線 0.5cm 車縫裝飾線。

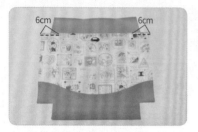

㉘ 將圖㉗放在圖㉖記號線上,車縫左右固定,中間口袋口不車。

㉙ 將前表袋身往上翻,U 字車縫口袋。

㉚ 和特殊襯疊合四周車合。

製作後表袋身

㉛ 將前口金拉片置中疏縫固定在袋口。

㉜ 後表袋身 A3 先和表袋底 B 車縫(如㉚㉑),再製作一字拉鍊口袋,和特殊襯疊合四周車合。

㉝ 製作背帶釦環絆布 E4,先將特殊襯以布用雙面膠黏在絆布背面,穿入 D 型環後對摺,製作 2 組。

㉞ 依據紙型標示位置,車縫在兩側袋角。

㉟ 將圖⑱的口金釦環帶,依據紙型標示位置疏縫固定。

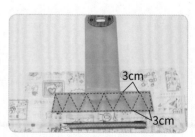

㊱ 將口金釦環帶固定絆布 C3,依據紙型標示位置四周車縫在後表袋上,再如圖示 ∨ 字車縫裝飾線。

組合

㊲ 將完成的表袋身前後片，正面相對，車縫袋底，縫份倒向左右兩側。

㊳ 回正面沿著袋底中心 0.5cm，左右各自壓線（因為是超織仿皮革，先用潤滑筆塗要車縫的部位，會車得很順暢）。

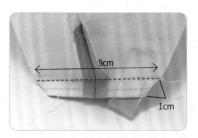

㊴ 再正面相對車縫袋身兩側，直角打底車縫 9cm。

㊵ 裡袋先製作拉鍊和開放口袋後，組合作法和表袋相同（步驟㊲～㊴）。

㊶ 完成表袋和裡袋。

㊷ 將裡袋套入表袋，正面相對。

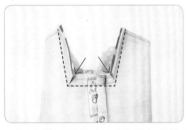

㊸ 車縫兩側上面 U 字部分，直角部分剪牙口。

㊹ 翻到表面放入底板。

㊺ 袋口四周沿著邊 0.5cm 壓線和疏縫。

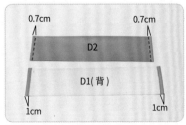

㊻ 口金布兩側往背面摺入 1cm，回正面車 0.7cm。

㊼ 前口金布 D2 和前表袋身正面相對，上部對齊車縫（後口金布 D1 和後表袋身正面相對）。

㊽ 口金布往上摺，沿著車縫線下約 0.1cm 黏布用雙面膠。

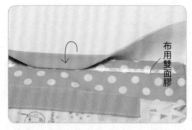

49 口金布往下摺，對齊車縫線下約 0.1cm 固定。

50 回到正面，沿著車縫線 0.2cm 車縫接合口金布（留意背面的口金布也要車到）。

後口金（長）

前口金（短）

外側

51 醫生口金支架的側邊，各有一個洞口，是鎖螺絲用的。後口金的上面，左右各有兩個洞，用來固定提把掛耳，通常選外側的洞。

52 將短的口金支架，從前表袋身口金布的一側洞口穿入（長的口金支架，從後表袋身口金布一側洞口穿入）。

53 在口金布的兩側（相對於口金支架兩側的螺絲洞）穿洞，將螺絲穿入。

後口金 ←—— ——→ 前口金

54 前後口金的洞口重疊，★後口金在外，前口金在內★。

55 從裡面將螺絲鎖好。完成如圖。

56 先找出後口金上的外側洞口，將 **09** 的提把組，用 8mmx10mm 的鉚釘安裝固定在後口金上。完成如圖。

57 扣上步驟 **14** 製作完成的背帶，完成。

口金打開就像箱子一樣好放好拿，一目瞭然。

04

快速通關隨身包

好看、實用又有足夠存在感的腕帶通關包，守護重要的出國物品，聰明分類、好找好收，一包通關暢行無阻。

▶本包作法／P.34
▶完成尺寸／寬 15× 高 24× 厚 2.4cm
▶原尺寸大紙型／A面

裁布表 （★紙型、數字尺寸**已含縫份，不需外加縫份。**）單位：cm

部位	尺寸	數量	襯	數量	備註
【表袋身】					
❶ 表袋身（防水布）	紙型 A	1	特殊襯（紙型 A）	1	
❷ 吊環帶（防水布）	↔ 4.6× ↕ 36	1	X		
【裡袋身】					
❶ 裡袋身（棉布）	紙型 B	1	特殊襯（紙型 B1） ★內部加強板 （紙型 B2）	1 1	
❷ 拉鍊口袋布（表：棉布） （裡：棉布）	↔27× ↕ 22 ↔27× ↕ 20.5	1 1	特殊襯↔ 23.5× ↕ 18.5 X	1	
❸ SIM 卡拉鍊口袋布（棉布）	↔12× ↕ 13	1	薄布襯↔ 12× ↕ 3	2	
❹ 票卡夾底層（棉布） 中層（棉布） 上層（棉布）	↔21× ↕ 24 紙型 D2 紙型 D3	1 1 1	特殊襯↔ 19× ↕ 23 特殊襯（紙型 d2） 特殊襯（紙型 d3）	1 1 1	
❺ 側擋布（棉布）	↔24× ↕ 20	2	特殊襯↔ 11× ↕ 16	2	
❻ 中間隔層布（棉布） 側邊隔層布（棉布）	↔24× ↕ 22 ↔24× ↕ 18	1 2	特殊襯↔ 22× ↕ 20 特殊襯↔ 22× ↕ 8	1 2	
❼ 拉鍊擋布（薄棉布）	↔ 2.6× ↕ 7	2	薄布襯↔ 2.6× ↕ 7	2	

※ 特殊襯可依個人喜好換用其他襯。

◆用布量　　1. 表布圖案布：防水布 2 尺　　2. 裡布：棉布 2 尺

材料 & 配件

(1) 問號鉤 1.2cm1 個
(2) 鉚釘 8mm×8mm 1 組
(3) 0.5mm 薄塑膠板
(4) 3V 塑鋼拉鍊 10cm、18cm 各 1 條
(5) 5V 塑鋼拉鍊 66cm 1 條、5V 塑鋼拉鍊頭 1 個

★**本包密技**★ 出國通關、一包搞定（SIM 卡、機票、護照、登機證、紙鈔、零錢、手機、iPad……）

How To Make

製作表袋身

01 按照紙型 A(已含縫份 0.5cm) 裁剪表袋身和特殊襯，將表袋身和特殊襯四周疏縫一圈（距離邊縫份 0.2cm，可用長腳拉鍊壓腳）。

縫份 0.2cm

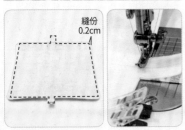

車縫起點

車縫止點

02 取 5V 拉鍊 66cm，一側布邊與表袋身正面相對。

8cm　車縫起點

03 車縫的時候預留 8cm 不車縫，邊車邊稍微用力拉緊拉鍊（如圖）。

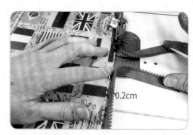

04 車縫 0.3cm，另一側作法相同。

05 四個圓弧處布的縫份修剪約 0.1cm（不要剪到拉鍊）。利用縫份骨筆將四周的縫份（布和拉鍊）倒向表袋身。

06 回到表面，0.2cm 壓線一圈。若表袋身為光滑防水布或仿皮革，可用潤滑筆塗在車縫部位。

07 從下側拉鍊尾端將拉鍊頭套入。

08 調整袋型後，將兩端多餘的拉鍊從尾端藏入袋身內。

09 將兩端拉鍊往中間拉整平均，可以如圖手縫固定。

製作裡袋身

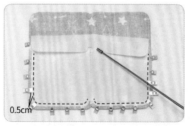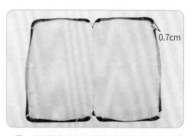

10 放入內部加強板 (紙型 B2)，再放入厚棉，接著放上適當的重物，以利塑型。完成表袋身外殼。

11 將裡袋身 (紙型 B) 和特殊襯 (紙型 B1) 四周疏縫一圈。

12 裡袋身四周往內燙摺 0.7cm 縫份。

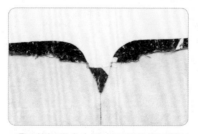

13 裡袋身圓弧處先黏雙面膠再整燙，弧度會比較漂亮。

14 將裡袋身中間上下部位如圖剪 Y 字，作法同步驟⓭。

15 回到正面，距離邊 0.2cm 車縫裝飾線。

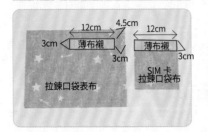

16 取拉鍊口袋表布和 SIM 卡拉鍊口袋布，按照標示位置熨燙薄布襯。

17 如圖，將 SIM 卡拉鍊口袋布放在拉鍊口袋表布的標示位置，製作 SIM 卡一字拉鍊口袋。拉鍊口袋表布再和特殊襯車縫結合。

18 取 3V 18cm 塑鋼拉鍊一條，兩端先車拉鍊擋布（參考 P.116 步驟⑬），拉鍊口袋表、裡布正面相對夾車拉鍊。

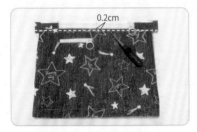

19 回到正面，沿著拉鍊布邊 0.2cm 壓線固定。

20 將拉鍊口袋表、裡布正面相對，夾車拉鍊的另一邊。

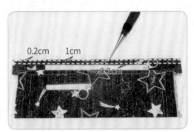

21 翻回正面，拉鍊上方留 1cm 的寬度，第一道裝飾線，沿著上方布邊 0.2cm 車縫。第二道裝飾線，沿著拉鍊布邊 0.2cm 車縫。完成拉鍊口袋。

製作票卡夾層

22 取票卡夾底層、中層（紙型 D2）、上層布（紙型 D3），各自和特殊襯車縫結合。

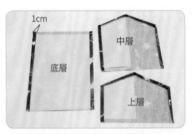

23 如圖示，票卡夾底層左右往內燙摺縫份 1cm。中層、上層的左邊、上方、右邊往內燙摺縫份 1cm。

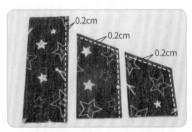

24 再左右對摺，按照標示記號車縫裝飾線，完成票卡夾層。

製作中間隔層

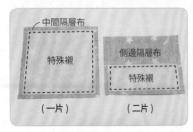

25 取中間和側邊隔層布，各自和特殊襯車縫結合。

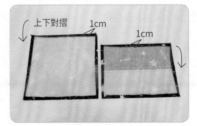

26 四周往內燙摺縫份 1cm。

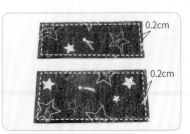

27 上下對摺，四周車縫一圈裝飾線，完成一片中間隔層布、兩片側邊隔層布。

製作側擋隔層

㉘ 兩片側邊隔層布，夾住中間隔層布，底部對齊 U 字車縫固定。

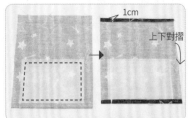

㉙ 取兩片側擋布和特殊襯車縫結合，上下往內燙摺縫份 1cm。

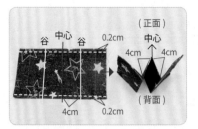

㉚ 上下對摺後，將上下兩邊各自車縫一道裝飾線。側擋正面的中心左、右4cm畫出谷線，並且熨燙壓褶，如圖右。

組合

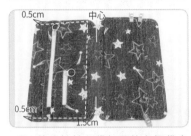

㉛ 將㉑拉鍊口袋如圖放在裡袋身左邊，袋底車縫固定於裡袋身，上下兩側邊 0.5cm 疏縫，多餘的布裁剪修齊。

㉜ 將票卡夾㉔中層、上層重疊放在底層上面，車縫固定票卡夾層的左側，上、下側疏縫，多餘的布裁剪修齊。

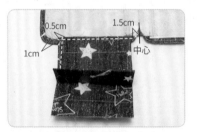

㉝ ㉚側擋布的背面和裡袋身背面相對，重疊 1cm 如圖示位置，0.5cm 疏縫固定。

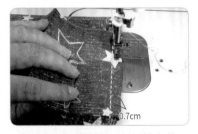

㉞ 回到裡袋身正面，側擋布往內摺入，距離邊 0.7cm 車縫固定，其他三邊的作法相同，將側擋布固定於裡袋身。

㉟ 將㉘隔層布固定在側擋布，距離邊 0.7cm 車縫固定。（可以來回車縫 3 次，以加強固定）完成裡袋身組合。

㊱ 將組合後的裡袋身背面相對套入表袋身外殼。

製作手腕吊環帶

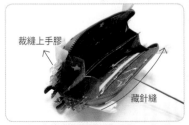

㊲ 以裁縫上手膠黏合袋身兩側邊，以強力夾固定。長的一邊藏針縫固定。

㊳ 取吊環帶布兩側長邊往中心內摺再對摺，利用縫份骨筆固定摺份。

㊴ 再套入 1.2cm 問號鉤。

㊵ 兩端正面相對，縫份 1cm 車縫固定。

㊶ 再往中間內摺再對摺，兩側各自車縫固定一圈。

㊷ 釘上鉚釘固定，完成手腕吊環帶。

因應各國紙鈔的大小，有不同夾層可分類收納。不僅有零錢袋，連記憶卡及 SIM 卡都有專用拉鍊袋，不再怕弄丟。

05

玩酷水桶包 & 圍巾

針織布與塑膠布的密技結合，袋身輕巧但容量不可小覷，兩用皮帶既是束繩也是肩背帶，隨著心情轉換不同提法，拿起來就是順手。

▶ 本包作法／P.41
▶ 完成尺寸／寬 20× 高 23.5× 厚 11cm
▶ 原尺寸大紙型／A面

裁布表（紙型不含縫份，除特別標示外，製作時請加縫份 1cm。數字尺寸已含縫份。）單位：cm

部位	尺寸	數量	襯	數量	備註
✱ 圍巾（針織布）	↔ 80× ↕ 180	1	X		
【表袋身】					
❶ 袋蓋（表：針織布） 　　　（裡：防水布）	紙型 C	1 1	厚襯(不含縫份)、薄布襯、特殊襯 X	各 1	
❷ 前表袋身（針織布） 　　（透明塑膠布）	紙型 A	1 1	厚襯 特殊襯	1 1	★（針織布）（透明塑膠布）（厚襯）先粗裁 ↔ 41× ↕ 27 ★特殊襯按照紙型剪裁
❸ 後表袋身（針織布） 　　（透明塑膠布）	紙型 A1	1 1	厚襯 特殊襯	1 1	
❹ 表袋底（仿皮革）	紙型 B	1	特殊襯	1	
❺ 側身裝飾布條（仿皮革）	↔ 2.5× ↕ 25	2	特殊襯↔2× ↕ 24	2	
❻ 背帶掛耳布（仿皮革）	↔ 2× ↕ 7	2	特殊襯 ↔ 1.5× ↕ 6	2	
❼ 袋口滾邊條（仿皮革）	↔ 3.5× ↕ 78	1	X		★正斜布
【裡袋身】					
❶ 前裡袋身（防水布）	紙型 A	1	X		
❷ 後裡袋身（防水布）	紙型 A1	1	X		
❸ 裡袋底（防水布）	紙型 B	1	X		
❹ 拉鍊口袋布（防水布）	↔ 14× ↕ 32	1	X		
❺ 開放口袋布（防水布）	↔ 14× ↕ 30	1	X		

※ 特殊襯可依個人喜好換用其他襯。

◆用布量
1. 表布：針織布 2 碼
2. 配布：透明塑膠布 2 尺、仿皮革 1 尺
3. 裡布：防水布 2 尺

材料 & 配件

(1) D 型環 2.5cm 2 個、2cm 2 個
(2) 問號鉤 1.2cm 4 個
(3) 長型日環（內徑 1.5cm）2 個、口型環 1.5cm 1 個
(4) 雞眼釦（外徑 2.8cm）12 組
(5) 3V 塑鋼拉鍊 10cm 1 條
(6) 真皮條 1.2cm 寬 ×125cm 長 2 條
(7) 鉚釘 8mm×6mm 9 組
(8) 袋口皮包釦 1 組

★ 本包密技 ★
①一布多用的設計組合，呈現時尚感。
②多用途的背帶（可以是束口帶，也可以是後背帶）。
③異材質的處理（有彈性的布也可以是做包的好材料）。

How
To
Make

製作圍巾

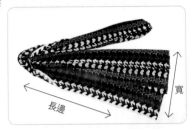

寬

長邊

01 以布邊為長度基準，剪裁長 180 cm× 寬 80cm 的針織布，若會鬚邊，長邊的部分可先車布邊。

長邊

02 布的長邊對長邊，正面相對並車縫。縫紉機的下線改用彈性線，針改用彈性針，會更容易車縫。（有圖示的記號就是彈性針，還有代號）。

往前輕拉

03 車縫時，右手稍微輕輕的往前拉（使用萬用壓腳即可）。

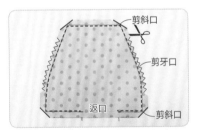

04 兩端的部分可車高速邊（可以找店家代車），或者 3 摺車縫，就完成獨一無二的圍巾囉！

製作袋蓋

特殊襯

05 取袋蓋表布先燙厚襯（不含縫份），再燙薄布襯，最後和特殊襯疊合四周車縫。

裡布背面

06 袋蓋表布、裡布正面相對。

剪斜口

剪牙口

返口

剪斜口

07 如圖標示四周車縫底部預留返口，弧度剪牙口，直角剪斜口。

0.3cm

08 從返口翻回正面，沿著邊線 0.3cm 處四周壓線一圈，完成袋蓋。

製作表袋身

布襯

透明塑膠布

09 前、後表袋身的針織布、厚襯、透明塑膠布，先粗裁 ↔41cm× ↕ 27cm 各 1 片。

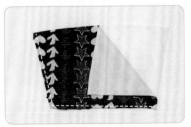

10 表袋身的針織布先整燙（以壓燙的方式，盡量不要拉扯到布），再燙厚襯。

11 依紙型裁剪前、後表袋身，再分別和特殊襯車縫結合。

0.5cm

12 取透明塑膠布置中放在 **11** 的表袋身上，塑膠布沿邊約多留 0.5cm，裁去多餘的部分，四周可以先用強力夾固定，疏縫一圈。

⑬ 再裁去四周多餘的塑膠布，完成前、後表袋身。後片塑膠布與表袋身車合前，也可依需求先車上口袋 (示意參考㉘)。

⑭ 依紙型標示位置，在前表袋身安裝皮包釦底座。

製作表袋底

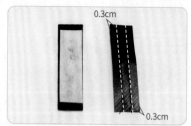

0.3cm
0.3cm

⑮ 取背帶掛耳布背面以雙面膠黏合特殊襯，回正面沿著邊線 0.3cm 處，左右各自車縫一道線。

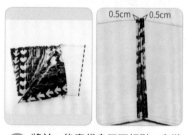

2cm 6.5cm 中心 6.5cm 2cm

⑯ 表袋底紙型 B 先和特殊襯車合，套入 2cmD 型環的背帶掛耳，如圖，車縫固定在袋底正面。

製作側身裝飾布條

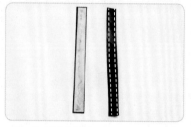

⑰ 取側身裝飾布條，作法同⑮的背帶掛耳。

3cm

⑱ 一端套入 2.5cm 的 D 型環，再往下摺 3cm 備用。

組合袋身

0.5cm 0.5cm

⑲ 將前、後表袋身正面相對，車縫袋身側邊，先車一邊，縫份倒向左右兩側，回正面沿著車縫線 0.5cm，左右各自壓線。

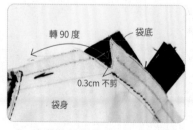

3cm

⑳ 將套入 D 型環的裝飾布，如圖標示ㄇ字車縫在表袋側身接縫處。另一側作法相同。完成表袋身組合。

前表袋身
表袋底

㉑ 再和表袋底車縫接合。有弧度的部分和前表袋身接合。直角的一邊和後表袋身接合，看著袋底車縫。

袋底

㉒ 車到直角的部分，回針縫並留線頭，如圖打結以增加牢固性。

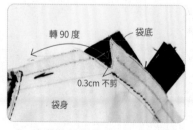

轉 90 度　袋底
0.3cm 不剪
袋身

㉓ 直角的相對位置，在表袋身如圖剪一牙口，留著約 0.3cm 的距離不剪，袋身轉 90 度，袋身底側邊對齊袋底。

㉔ 回到袋底直角的位置，先留線頭、回針縫後，再開始車縫。

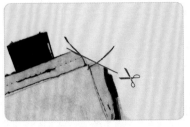

25 如圖剪去直角的部分以減少厚度。打結以增加牢固性。

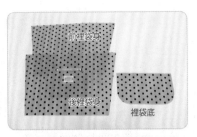

前裡袋身

後裡袋身

裡袋底

26 裡袋身依據個人需求製作口袋，裡袋的組合方法和表袋相同。

27 將完成的裡袋套入表袋，兩者背面相對。

中心

5cm

28 袋口滾邊完成，依紙型標示位置，將袋蓋車縫固定在後表袋身。

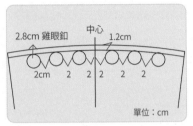

2.8cm 雞眼釦　中心　1.2cm

2cm　2　2 2　2　2

單位：cm

29 袋口雞眼釦的相對位置。

5cm

30 安裝雞眼釦和皮包釦帶（袋蓋上的雞眼釦要和袋身一起壓合），完成袋身。

製作背帶

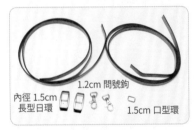

1.2cm 問號鉤

內徑 1.5cm
長型日環

1.5cm 口型環

31 準備後背帶的材料，兩條 125cm 的皮條，其中一條先剪成 40cm、85cm。

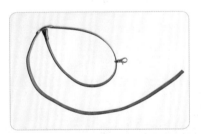

32 125cm 和 85cm 皮條，如圖各自和長型日環、問號鉤組合。作法可參考 P.28 ⑫ 和 P.29 ⑬。

33 將完成組合的 125cm 後背帶，如圖從後表袋身右側雞眼釦穿入。

34 如圖再從左側穿出。

35 將穿出的皮條和 85cm 皮條以口型環結合，用鉚釘固定。

36 將 40cm 的皮條兩端分別各穿入 1 個問號鉤，以鉚釘固定組合成提把。

37 前面、後面完成圖。

半透明塑膠布讓包身產生透視效果，能自由運用不同材質也是手作包的一大魅力！

06

流金弦月包

棉布與仿皮革異材質的創意撞擊，體驗
製作曲線袋型的樂趣，藉由提把從平面
變成立體，變成獨一無二的姿態。

▶本包作法／P.47
▶完成尺寸／寬 31× 高 30× 厚 8cm
▶原尺寸大紙型／B 面

裁布表（紙型不含縫份，除特別標示外，製作時請加縫份 1cm。數字尺寸已含縫份。）單位：cm

部位	尺寸	數量	襯	數量	備註
【表袋身】					
❶ 左表袋身（仿皮革） 右表袋身（仿皮革）	紙型 A	2 2	特殊襯（紙型 C）	2	★❶、❷、❸組合後，再和特殊襯車合 ★ 紙型 A 剪裁時留意左右方向 ★左袋身、中袋身、右袋身車合的部分，縫份是 2cm
❷ 後中上表袋身（仿皮革） 後中下表袋身（仿皮革）	紙型 B1 紙型 B2	1 1			
❸ 前中表袋身（棉布）	紙型 B	1	厚襯（不要縫份） 薄襯（縫份 1cm）	1 1	
❹ 後中下表袋身 拉鍊上口袋布（防水布） 拉鍊下口袋布（防水布）	紙型 B2 紙型 B3	1 1	X X		
❺ 提把（表：仿皮革） （裡：棉布）	↔3.5× ↕30 ↔6× ↕33	1 1	特殊襯↔3.5× ↕30 厚襯↔3.5× ↕30	1 1	
❻ 後中下表袋身拉鍊擋布（棉布）	↔3× ↕5.5	2	薄襯↔3× ↕5.5	2	
【裡袋身】					
❶ 前、後裡袋身（防水布）	紙型 D	2	X		
❷ 拉鍊口袋布（防水布）	↔17× ↕24	1	X		
❸ 開放口袋布（防水布）	↔19× ↕28	1	X		

※ 特殊襯可依個人喜好換用其他襯。

◆用布量

1. 表布：仿皮革 2 尺
2. 配布：圖案棉布 1 尺
3. 裡布：防水布 2 尺

材料 & 配件

(1) 口型環 3.8cm 2 個
(2) 仿皮革掛耳片長 9.5cm× 最窄 3.8cm~ 最寬 4.8cm 2 片
(3) 鉚釘 8mm×6mm 8 組
(4) 3V 塑鋼拉鍊 15cm 1 條
(5) 5V 金屬拉鍊碼裝 20cm、37cm 各 1 條、5V 拉鍊頭 3 個

★本包密技★ 掌握袋口弧度拉鍊和圓弧袋身的車縫製作技巧。

製作後中表袋身拉鍊口袋

01 準備需要的材料和配件。取 5V 金屬碼裝拉鍊 20cm，兩端拔齒後為 12cm，裝上拉鍊頭，在兩端裝上止和下止，即完成拉鍊。

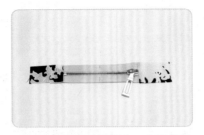

02 兩端車縫拉鍊擋布，作法參考 P.116 步驟❸。

03 取後中下表袋身和拉鍊上口袋布 (紙型 B2)，兩者正面相對夾車拉鍊。因為略有弧度所以要剪牙口，回到正面會比較順。

04 回正面拉鍊旁壓線。口袋身下方表裡對齊疏縫。

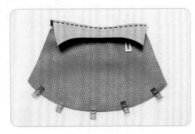

05 取後中上表袋身 (紙型 B1) 和❹的拉鍊，正面相對車縫上方。

06 取拉鍊下口袋布 (紙型 B3) 的正面，和❺的背面相對，左、下、右對齊。

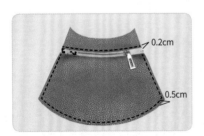

07 回到正面，在拉鍊上方 0.2cm 壓線。左、下、右 U 字 0.5cm 疏縫。

08 再用版型確認尺寸，若有誤差，重新做記號線。完成後中表袋身拉鍊口袋。

製作袋身

09 取一片左表袋身和❽車縫接合，右邊作法相同，縫份倒向左右兩側，先不要壓線。

10 和特殊襯車合。

11 回到正面，沿著車縫線 0.5cm 處在左、右袋身上車縫裝飾線。依據紙型標示位置安裝鉚釘，完成後表袋身。

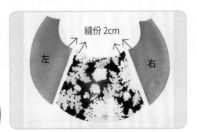

12 前表袋身裁布如圖，中間棉布先燙厚襯 (不含縫份)，再燙薄襯 (含縫份)。注意拼接處縫份為 2cm。

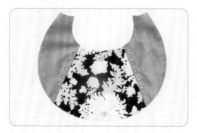

⑬ 參照步驟⑨~⑪完成前表袋身。

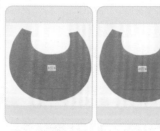

⑭ 依據個人需求製作口袋，完成前、後裡袋身。

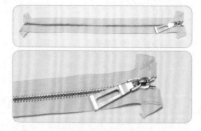

⑮ 取 5V 金屬碼裝拉鍊 37cm，兩端拔齒縮短為 30cm，裝上拉鍊頭，在兩端裝上止和下止。拉鍊兩端如圖示往背面摺三角形，疏縫固定。

⑯ 如圖將拉鍊的正面和表袋身的正面袋口對齊，疏縫拉鍊（換半邊壓腳，手稍微用力拉緊拉鍊，邊車邊拉）。

⑰ 在拉鍊背面黏雙面膠，裡袋身和表袋身正面相對，夾車拉鍊。

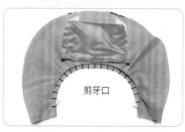

⑱ 袋口弧度剪牙口。

⑲ 回到正面，袋口拉鍊旁壓線，另一側作法相同。

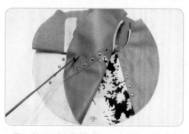

⑳ 將⑲完成的組合，前、後表袋身正面相對。

㉑ U 字車縫袋身，弧度處剪牙口。

㉒ 前、後裡袋身正面相對，和步驟㉑作法相同，在側邊留返口。

㉓ 從返口翻出正面。

㉔ 整理袋身。

48

製作提把

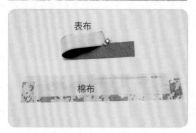

表布

棉布

㉕ 取提把表布和特殊襯黏合,提把裡布燙厚襯。

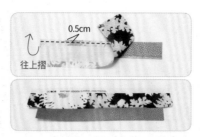

0.5cm

往上摺

㉖ 再將提把表、裡布正面置中相對,一側長邊對齊,沿著邊車縫0.5cm,接著往上摺。

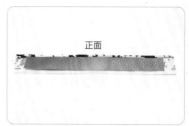

正面

㉗ 再往下摺到提把表布的背面。

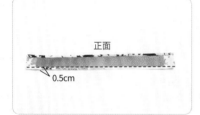

正面

0.5cm

㉘ 長的一邊先往內燙摺0.5cm,再摺向提把正面車縫接合。

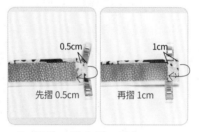

0.5cm   1cm

先摺0.5cm   再摺1cm

㉙ 短的一邊先往內燙摺0.5cm,再往內燙摺1cm,車縫固定。另一邊作法相同。

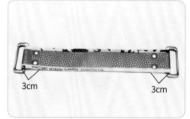

3cm   3cm

㉚ 兩端套入口型環3cm,以鉚釘固定,完成提把。

最後組合

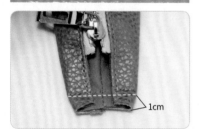

1cm

㉛ 將㉔完成的袋身組合,左、右側的上端,如圖示離邊1cm處疏縫。

㉜ 將掛耳片套入口型環對摺,如圖示夾住袋身,釘上鉚釘固定。

㉝ 完成。

與正面不同,全以仿皮革拼接而成的背面,多了一分率性幹練的氣質。

07

我的寶貝
兒童後背包

特製久背不累的背心式背帶，無壓力
的背包體驗，讓家裡的寶貝樂在自己
的背包自己背。

▶本包作法／P.52
▶完成尺寸／寬 24× 高 28× 厚 10cm
▶原尺寸大紙型／B 面

裁布表（紙型不含縫份，除特別標示外，製作時請加縫份 1cm。數字尺寸已含縫份。）單位：cm

部位	尺寸	數量	襯	數量	備註
【表袋身】					
❶ 前表袋身（棉麻布） 後表袋身（防水布）	紙型 A	1 1	★前袋身厚布 襯不含縫份， 薄布襯含縫份 特殊襯	1 1 1	★特殊襯依紙型 A3 底中心摺雙剪裁。
❷ 表袋底（防水布）	紙型 A1	1			
❸ 後表袋口袋布（表：棉麻布） （裡：防水布）	紙型 A2 紙型 A2	1 1	X X		
❹ 上側袋身前片（防水布） 後片（防水布）	紙型 B2 紙型 B3	1 1	特殊襯 特殊襯	1 1	
❺ 下側表袋身（防水布）	紙型 B1	2	特殊襯	2	
❻ 側口袋表布（棉麻布） 裡布（薄防水布）	紙型 B 紙型 B	2 2	X X		
❼ 背帶表布（防水布） 裡布（三明治夾網布）	紙型 C 紙型 C	2 1	X 6mm 無膠厚棉	1	★無膠棉四周縫份少 0.5cm
❽ 下背帶絆布（防水布）	↔12× ↕12	1	X		
❾ 背帶裝飾布（棉麻布）	↔5× ↕4	2	X		
❿ 提把布（棉麻布）	↔6× ↕22	1	厚襯 ↔2× ↕20	1	
【裡袋身】					
❶ 前、後裡袋身（防水布）	紙型 A3	2	X		
❷ 上側袋身前片（防水布） 後片（防水布）	紙型 B2 紙型 B3	1 1	X X		
❸ 下側裡袋身（防水布）	紙型 B1	2	X		
❹ 拉鍊口袋布	↔22× ↕38	1	X		
❺ 開放口袋布	↔17× ↕30	2	X		
❻ 滾條布（薄防水布）	長 160× 寬 4.5	1	X		正斜布

※ 特殊襯可依個人喜好換用其他襯。

◆用布量

1. 表布圖案布：棉麻布 2 尺
2. 配布：防水布 2 尺
3. 裡布：防水布 2 尺
4. 三明治夾網布 2 尺
5. 口袋布（薄防水布）2 尺

材料 & 配件

(1) 梯型環 2.5cm 2 個
(2) 1.8cm 磁釦組 1 組
(3) 1cm 寬鬆緊帶 22cm 長
(4) 織帶 2.5cm 3 尺
(5) 6mm 無膠厚棉 2 尺
(6) 5V 塑鋼拉鍊 44cm 1 條、5V 拉鍊頭 2 個
(7) 3V 塑鋼拉鍊 18cm 1 條
(8) 鉚釘 8mmx6mm 2 組

★本包密技★ 袋身後片特別彎曲設計、一體成型的背心背帶，符合人體工學、久背不累。

與特殊襯車縫接合

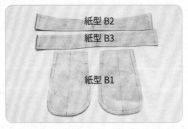

紙型 B2
紙型 B3
紙型 B1

01 將上側表袋身前片 (紙型 B2) 與後片 (紙型 B3)，以及下側表袋身 (紙型 B1) 先與特殊襯車縫接合。

製作側口袋

02 取側口袋表、裡布正面相對，上邊對齊並車縫。

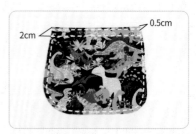

2cm   0.5cm

03 回正面，將左、下、右對齊後疏縫 U 字型。上端沿邊 0.5cm 與 2cm 各車縫一道。

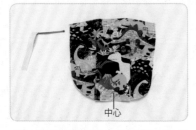

中心

04 依紙型標示位置在袋底製作打褶並疏縫。裁剪 11cm 的鬆緊帶 1 條，從側口袋的上部穿入。

05 穿入鬆緊帶後於兩端來回車縫固定。

06 將側口袋疏縫固定於下側表袋身 (★留意有前後之分)，另一側作法相同。

製作提把、袋口拉鍊

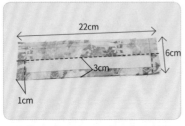

22cm
6cm
3cm
1cm

07 取提把布，將厚襯燙在如圖標示的位置。

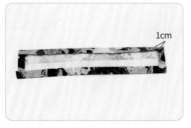

1cm

08 將四周往中心摺燙縫份 1cm。

製作袋身

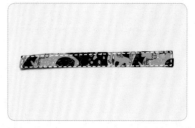

09 將提把上下對摺，四周車縫固定，完成提把。

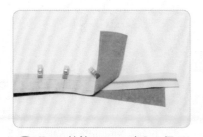

10 取 5V 拉鍊 44cm，套入 2 個 5V 拉鍊頭，完成雙頭拉鍊。接著取上側袋身後片的表、裡布置中夾車拉鍊。

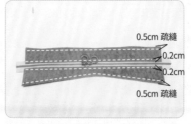

0.5cm 疏縫
0.2cm
0.2cm
0.5cm 疏縫

11 依相同作法接合拉鍊另一側與上側袋身前片，完成袋口拉鍊組合。翻回正面，如圖壓線。

12 取**06**與下側裡袋身夾車**11**，表對表、裡對裡。

製作背帶

0.5cm 壓線

⑬ 回正面在接縫處壓線,將側口袋的左、下、右U字疏縫。接著依紙型標示位置車縫提把。

⑭ 取背帶表布正面相對,車縫中間。

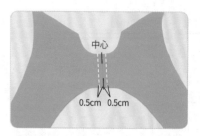

中心

0.5cm 0.5cm

⑮ 將縫份倒向左右兩側,翻回正面各壓一道線。

⑯ 將背帶表、裡布正面相對,四周車縫結合,上方部分不車。

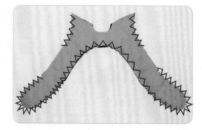

⑰ 如圖於弧度處修剪牙口,翻回正面。

無膠厚棉

⑱ 依紙型C裁剪無膠厚棉,四周縫份記得要再修掉0.5cm(如圖)。

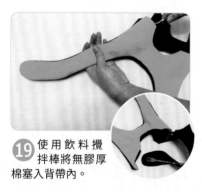

⑲ 使用飲料攪拌棒將無膠厚棉塞入背帶內。

⑳ 將背帶整理平順,四周壓線,此時可換鋪棉壓腳以利車縫。上方的U字部分往內摺1cm,車縫接合(如圖)。

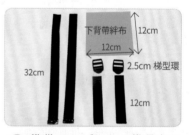

下背帶絆布 12cm

12cm

32cm

2.5cm 梯型環

12cm

㉑ 準備32cm與12cm織帶各兩條、2.5cm梯型環兩個、下背帶絆布一片。

㉒ 取下背帶絆布,對角線裁切成兩片。

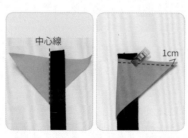

中心線

1cm

㉓ 在正面標示中心線。將織帶對齊中心線,絆布對摺車縫上方1cm。

㉔ 翻回正面如圖示壓線,同作法完成另一側。

1.5cm
4.5cm

裡布（正）

㉕ 接著將短織帶套入梯型環，再車縫在背心提把的兩端。（可參考 P.79 ㊳㊴）

㉖ 取後表袋口袋裡布，依紙型標示安裝磁釦的底座。

裡布（正）

㉗ 再與後表袋口袋表布兩者正面相對，車縫上端。

鉚釘
後表袋身

㉘ 口袋布翻回正面並於上端壓線，在磁釦的左右兩側安裝鉚釘。再將口袋布 U 字疏縫在後表袋身紙型標示位置。

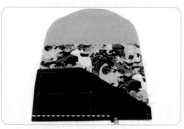

㉙ 取表袋底與㉘正面相對，下端車縫結合，縫份倒向袋底，先不要壓線。

㉚ 將表袋底的另一側與前表袋身正面相對，底部對齊車縫接合，縫份倒向袋底，先不要壓線。完成表袋身。

0.5cm

㉛ 將表袋身和特殊襯四周車縫接合，袋底如圖車縫裝飾線。

㉜ 依紙型標示在後表袋身安裝磁釦，下圖為正面的樣子。

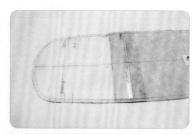

㉝ 取版型再次確認尺寸。

㉞ 製作裡袋身，可依個人需求製作口袋。將兩片裡袋身正面相對車縫底部。

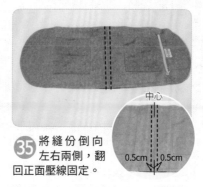

中心
0.5cm 0.5cm

㉟ 將縫份倒向左右兩側，翻回正面壓線固定。

組合

裡袋身
表袋身

㊱ 將表袋身與裡袋身兩者背面相對，四周疏縫一圈。

37 依紙型標示位置，將下方的織帶絆布與背心背帶的上方疏縫固定。

38 將⓭與㊲正面相對，先找出下側袋身底部的中心點與袋身側邊的中心點，兩個中心點互相對齊並用強力夾固定。

39 接著找出上側袋身的中心點，對齊袋身上端的中心點，用強力夾固定。

40 以滾邊的方式車縫一圈。

41 翻回正面，織帶如圖套入梯型環。

42 完成。

可背可提，提把在開關拉鍊時做為固定點，更好施力。

08

貓頭鷹抱抱後背包

大貓頭鷹守護小貓頭鷹，子母包概念的
特殊打版，因為立體所以容量大好收
納，吸睛的可愛外貌更是充滿話題。

▶本包作法／P.58
▶完成尺寸／寬 35× 高 35× 厚 11.5cm
▶原尺寸大紙型／B 面

裁布表（紙型不含縫份，除特別標示外，製作時請加縫份 1cm。數字尺寸已含縫份。）單位：cm

部位	尺寸	數量	襯	數量	備註
貓頭鷹寶寶口金包【表袋身】					
❶前、後表袋身（棉布）	紙型 a	2	厚襯 薄襯	1	★厚布襯不含縫份，薄布襯含縫份
❷眼睛部位外圈（仿皮革）藍 愛心（仿皮革）桃 眼皮（仿皮革）桃	紙型 a1 紙型 a2 紙型 a3	2 1 1	X		
❸側袋身（防水布）	紙型 b	1	X		
❹拉鍊口布（防水布）	↔ 3.5× ↕ 21.5	2	X		
❺拉鍊擋布（防水布）	↔ 5× ↕ 8	2	X		
貓頭鷹寶寶口金包【裡袋身】					
❶前、後裡袋身（防水布）	紙型 a	2	X		
❷側袋身（防水布）	紙型 b	1	X		
❸拉鍊口布（防水布）	↔ 3.5× ↕ 21.5	2	X		
大貓頭鷹後背包【表袋身】					
❶前表袋身（棉布）	紙型 A	1	厚布襯、薄布襯、特殊襯	各 1	★厚布襯不含縫份，薄布襯含縫份
❷後表袋身（防水布）	紙型 A	1	特殊襯	1	
❸眼睛部位外圈（仿皮革）黃 中圈（仿皮革）藍 內圈（仿皮革）粉 眼皮（仿皮革）綠	紙型 A1 紙型 A2 紙型 A3 紙型 A4	2 2 2 2	X X X X		
❹鼻子（仿皮革）藍	紙型 A5	1	X		
❺上側袋身（防水布）	紙型 B1	2	特殊襯	2	
❻下側身袋底（防水布）	紙型 B	1	特殊襯	1	★特殊襯以紙型 B 底中心摺雙剪裁
❼側口袋表布（棉布）	紙型 B2	2	X		
❽側口袋裡布（薄防水布）	紙型 B2	2	X		★裡布上端的縫份為 2.5cm
❾上背帶絆布（表、裡皆棉布）	紙型 C	2	厚布襯	2	★厚布襯不含縫份
❿上背帶絆布固定布（棉布）	紙型 C1	1	厚布襯	1	★厚布襯不含縫份
⓫下背帶絆布（棉布）左邊 　　　　　　　　　右邊	紙型 C2	各 2	厚布襯	各 2	★厚布襯不含縫份
⓬後袋身拉鍊口袋布（薄防水布）	↔ 38× ↕ 26	1	X		
大貓頭鷹後背包【裡袋身】					
❶前、後裡袋身（防水布）	紙型 A	2			
❷上側袋身（防水布）	紙型 B1	2	X		
❸下側身袋底（防水布）	紙型 B	1	特殊襯	1	★特殊襯以紙型 B 底中心摺雙剪裁
❹拉鍊口袋布（薄防水布）	↔ 26× ↕ 38	1	X		
❺開放口袋布（薄防水布）	↔ 20× ↕ 32	1	X		
❻iPad 口袋布（防潑水鋪棉布）	↔ 21× ↕ 44	1	X		
❼iPad 口袋絆布（防潑水鋪棉布）	↔ 12× ↕ 14	1	X		

※ 特殊襯可依個人喜好換用其他襯。

◆用布量

1. 表布圖案布：棉布 2 尺
2. 配布：防水布 2 尺
3. 裡布：防水布 2 尺、防潑水鋪棉布 1 尺
4. 口袋布：薄防水布 2 尺

材料 & 配件

(1) 日型環 3.8cm 2 個
(2) 口型環 3.8cm 2 個
(3) 織帶 3.8cm 長 8 尺
(4) 鬆緊繩（直徑 0.3cm）長 48cm
(5) 12cm 弧度口金 1 組
(6) 魔鬼氈 2.5cm 寬 / 長 5cm
(7) 彈簧釦 2 個
(8) 雞眼釦（外徑 0.8cm）12 個
(9) 3V 塑鋼拉鍊 20cm 1 條、25cm 1 條
(10) 5V 塑鋼拉鍊 60cm 1 條、拉鍊頭 2 個
(11) 仿皮革（藍 / 桃 / 綠 / 黃）適量

★ 本包密技 ★
① 弧度支架口金包的製作
② 仿皮革機縫貼布縫設計
③ 首創金龜式立體側口袋的作法

[貓頭鷹寶寶口金包]

How To Make

製作袋身

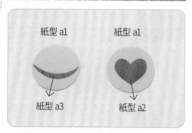

01 依紙型標示將眼睛部位 a2 與 a3 各別黏在 a1 上（用裁縫上手膠黏合）。

02 將前、後表袋身分別先燙厚布襯，接著再燙薄布襯。

03 依紙型標示將眼睛黏在前表袋身上，先沿邊車縫愛心與眼皮的外圈，再車縫眼睛的外圈。

製作支架口金拉鍊口布

04 取 1 條 3V 25cm 塑鋼拉鍊，請參考 P.9 作法，在兩端車縫拉鍊擋布。

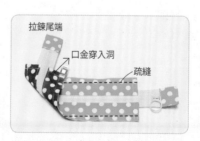

05 參考 P.10 的作法，完成支架口金拉鍊口布。將口金穿入洞留在拉鍊尾端，拉鍊口布的外側疏縫。

組合

06 將前表袋身與表側袋身兩者正面相對，車縫結合。

07 依06的作法完成另一側後表袋身，在弧度處修剪牙口，完成表袋身備用。

08 同表袋身作法，車合裡袋身與裡側袋身，側邊記得預留返口，車好在弧度處修剪牙口。

09 將05拉鍊口布與表袋身正面相對，如圖先疏縫。

10 將表袋身套入裡袋身內，兩者正面相對，袋口車縫一圈。

11 在袋口與側袋身的弧度處剪牙口。

12 從返口翻回正面，於袋口邊緣壓線0.2cm，完成貓頭鷹寶寶口金包。

[大貓頭鷹後背包]

製作袋身

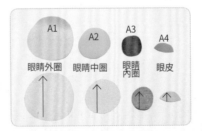

01 依個人需求製作裡袋身口袋，完成前、後裡袋身。

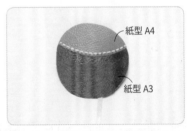

02 依紙型標示記號於眼睛各部位的背面畫上對齊的記號（留意左右眼睛要相反）。★註：製作眼睛部分請改用皮革壓腳，使用潤滑筆、裁縫上手膠

03 依紙型標示將眼皮A4黏貼在眼睛內圈A3上，黏好後車縫眼皮下緣弧度。

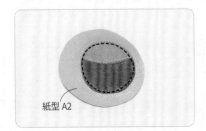

04 取03貼在眼睛中圈A2的標示位置，四周車縫一圈。

05 取04黏貼在眼睛外圈A1上，完成左右各一組。

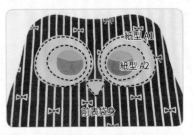

06 將前表袋身先燙厚布襯，再燙薄布襯，最後再與特殊襯車縫結合。接著依紙型標示位置將眼睛、鼻子車縫固定。先車A2四周一圈，再車A1四周一圈。

07 如圖將 12cm 弧度口金擺放在貓頭鷹寶寶口金包內裡，依紙型標示沿著弧度畫好車縫記號線。

08 先用裁縫上手膠將貓頭鷹寶寶口金包黏在紙型標示位置，再依步驟**07**畫好的記號線車縫固定，可車兩道增加牢固度。

09 完成前表袋身備用。

製作背帶組合

10 後表袋身先製作好直立式一字拉鍊口袋，再與特殊襯車縫結合。

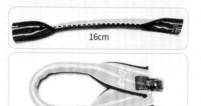

11 裁剪 1 條長 32cm 織帶，如圖將中間 16cm 對摺車縫，完成提把。

12 準備所需配件與材料：上背帶絆布、上背帶絆布固定布、下背帶絆布、3.8cm 日型環與口型環各兩個、裁剪長 90cm 與 12cm 織帶各兩條。

13 參閱第 13 頁的作法，完成背帶組合。

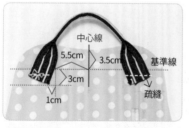

14 如圖標示的位置將提把疏縫在後表袋身上。

15 將背帶組合與後表袋身兩者正面相對，疏縫上背帶絆布。

製作側袋身與側口袋

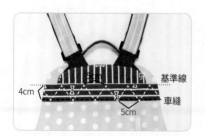

16 將上背帶絆布固定布上下兩長邊先往內摺燙 1cm，依標示疊在上背帶絆布上方，先車縫上下兩道固定，再將針距放大、以 V 字壓線。

17 疏縫下背帶絆布於後表袋身兩側。

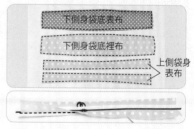

18 下側身袋底表裡布、上側袋身表布先和特殊襯車合。將上側袋身表、裡布兩者正面相對，夾車拉鍊。

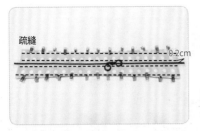

19 回正面，內側沿拉鍊邊壓線 0.2cm，外側沿邊疏縫，完成袋口拉鍊組合。

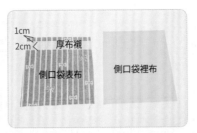

20 如圖在側口袋表布燙上厚布襯，側口袋裡布上面的縫份請預留 2.5cm。

21 將表、裡布兩者正面相對，上、下各自對齊車縫。

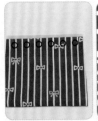

22 翻回正面，於上端車縫壓線。依紙型標示位置安裝 6 個雞眼釦 (外徑 0.8cm)。側口袋共製作兩組。

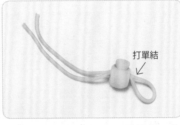

23 裁剪兩條長 24cm 鬆緊繩，如圖穿入彈簧釦，打單結。

24 將❷鬆緊繩穿入雞眼釦後，車縫兩端固定鬆緊繩。接著在口袋底部與兩側邊底部先畫上打褶記號線。

25 依記號線打褶並疏縫，完成兩個金龜式立體側口袋。

26 依紙型標示將側口袋擺放於下側身袋底，將口袋底車縫固定，左右兩側疏縫。完成兩側下側身袋底與口袋的組合。

27 將下側身表、裡布正面相對，夾車袋口拉鍊組合。

組合

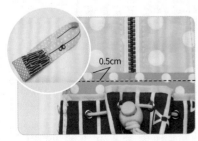

28 回正面，距離接合處 0.5cm 壓線在下側身。另一側作法相同，完成側袋身。

29 將側袋身和前表袋身正面相對，四周車縫接合。

30 如圖將側袋身往前表袋身正面中心摺好。

31 取車有 iPad 口袋的裡袋身疊合擺放於上方 (兩者正面相對)。

返口

32 四周車縫一圈，記得於袋底預留返口，車好在弧度處修剪牙口。

33 翻回正面並整理袋身。

後表袋身 (背)

34 取後表袋身與**33**正面相對，四周車縫接合。

35 重複步驟**30**～**32**接合側袋身與另一片裡袋身。

36 從返口翻出回正面，整理袋身和縫合返口。

37 將 12cm 弧度口金穿入貓頭鷹寶寶口金包的洞口，接著將洞口縫合。

38 完成。

藉由弧度口金的形狀，讓包身擁有立體活潑的創意變化，也創造出更大的置物空間。

09 天涯伴我行 登機包

出國旅行都想要擁有的一咖萬能包，可後背、斜背、肩背、手提一包多用，直挺有型的袋身讓內容物放得安心。

▶ 本包作法／P.65
▶ 完成尺寸／寬 32× 高 23× 厚 10cm
▶ 原尺寸大紙型／B 面

裁布表（紙型不含縫份，除特別標示外，製作時請加縫份 1cm。數字尺寸已含縫份。）單位：cm

部位	尺寸	數量	襯	數量	備註
【表袋身】					
❶ 前表袋口袋袋蓋表布（防水布）	紙型 A	1	特殊襯	1	
❷ 前表袋口袋袋蓋裡布（防水布）	紙型 A	1	X		
❸ 前表袋口袋表布（防水布）	紙型 A1	1	特殊襯	1	
❹ 前表袋口袋裡布（防水布）	紙型 A1	1	X		
❺ 前、後表袋身（防水布）	紙型 A2	2	特殊襯	2	
❻ 行李箱拉桿固定布表布（防水布）	紙型 C	1	特殊襯	1	
❼ 行李箱拉桿固定布裡布（防水布）	紙型 C	1	X		
❽ 上側袋身前片（防水布）	紙型 B	1	特殊襯	1	
❾ 上側袋身後片（防水布）	紙型 B1	1	特殊襯	1	
❿ 下側身袋底（防水布）	紙型 B2	2	特殊襯	1	★特殊襯依據紙型 B2 底部摺雙剪裁
⓫ 提把布（防水布）	↔7× ↕ 26	1	特殊襯 ↔ 2.5× ↕ 23	1	
⓬ 後表袋上掛耳布（防水布）	↔5.5× ↕ 10	1	特殊襯 ↔ 3.4× ↕ 7.5	1	
⓭ 側表袋掛耳布（防水布）	↔4.5× ↕ 8	2	X		
⓮ 背帶裝飾布（棉布）	↔7× ↕ 4	4	X		
【裡袋身】					
❶ 前、後裡袋身（防水布）	紙型 A2	2	X		
❷ 上側袋身前片（防水布）	紙型 B	1	X		
❸ 上側袋身後片（防水布）	紙型 B1	1	X		
❹ 下側袋身袋底（防水布）	紙型 B2	2	特殊襯	1	★特殊襯依據紙型 B2 底部摺雙剪裁
❺ 拉鍊口袋布	紙型 D	1	X		★摺雙剪裁
❻ 拉鍊擋布	↔2.6× ↕ 6	2	X		
❼ 拉鍊裝飾布	↔3× ↕ 34	1	X		
❽ 開放口袋布	↔37× ↕ 29	1	X		
❾ 滾邊布	長 108× 寬 4.5	2	X		正斜布

※ 特殊襯可依個人喜好換用其他襯。

◆用布量
1. 表布圖案布：防水布 1 尺
2. 配布：防水布 2 尺
3. 裡布：防水布 2 尺、網布 2 尺

材料 & 配件

(1) 問號鉤 3.8cm 4 個
(2) 日型環 3.8cm 2 個
(3) D 型環 2cm 2 個、2.5cm 2 個、3.8cm1 個
(4) 3V 塑鋼拉鍊 25cm 1 條
(5) 5V 碼裝塑鋼拉鍊 36cm、52cm 各 1 條
(6) 5V 碼裝塑鋼拉鍊頭 4 個
(7) 3.8cm 織帶 8 尺
(8) 魔鬼氈 2.5cm 寬 / 長 5cm
(9) 鉚釘 8mmx6mm 7 組
(10) 皮片掛耳 2 組

與特殊襯車縫接合

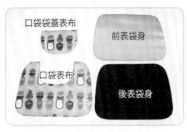

01 將前表袋口袋袋蓋表布、前表袋口袋表布，前、後表袋身與特殊襯車合。

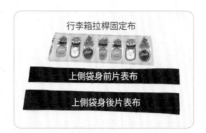

02 將行李箱拉桿固定布表布、上側袋身前片與後片的表布與特殊襯車合。

製作前表袋口袋

03 取 5V 碼裝塑鋼拉鍊 36cm1 條，分開成兩側，將一側和前表袋口袋袋蓋表布正面相對，疏縫 U 字，拉鍊弧度處修剪牙口。

04 取裡布與 03 正面相對，車縫 U 字接合，在弧度處修剪牙口。

05 翻回正面，沿邊 0.3cm 的位置車 U 字壓線。

06 將另一側拉鍊與前表袋口袋表布正面相對，疏縫 U 字型。

07 取裡布與 06 正面相對，車縫 U 字型接合，在弧度處修剪牙口。

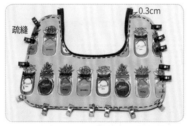

08 翻回正面，將口袋表、裡布對齊，距離拉鍊邊 U 字壓線，口袋身 U 字疏縫，完成前表袋口袋袋身。

09 將 05 與 08 的拉鍊結合，套入 2 個 5V 拉鍊頭，將上端多餘的拉鍊剪掉。接著將口袋的背面與前表袋身正面相對，四周疏縫一圈，完成前表袋身。

製作行李箱拉桿固定布、後袋身

10 準備後表袋上掛耳布材料。將特殊襯置中放在掛耳布的背面，四周往內摺 1cm，翻至正面四周車縫 0.7cm 固定，接著穿入 D 型環對摺。

11 取行李拉桿固定布表、裡布，正面相對，上、下各自車縫一道。

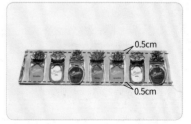

12 翻回正面，在上下兩長邊分別壓線。

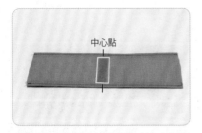

⑬ 將魔鬼氈(刺面朝上)置中擺放在裡布上並車縫,完成行李箱拉桿固定布。

⑭ 依紙型標示將魔鬼氈(毛面朝上)車縫在後表袋身。

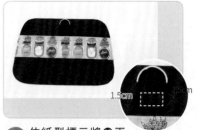

⑮ 依紙型標示將⑬兩側疏縫在後表袋身上,接著將⑩完成的上掛耳布口字車縫於上方,完成後表袋身。

製作袋口拉鍊、提把與側身

⑯ 取兩片下側身袋底表布正面相對,底部中心對齊並車縫接合。將縫份倒向左右兩側,先不要壓線。

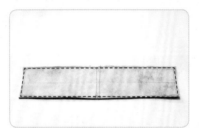

⑰ 與特殊襯車合。

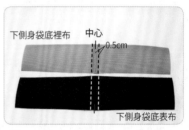

⑱ 回正面,在袋底中心距離車縫線 0.5cm 處左右各自壓線。依相同作法製作下側身袋底裡布。

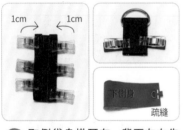

⑲ 取側袋身掛耳布,背面左右先往中間摺 1cm,接著回正面左右各自壓線 0.7cm,再穿入 2.5cmD 型環,置中擺放在下側身上並疏縫固定。

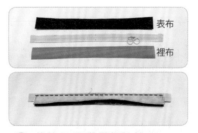

⑳ 裁剪 5V 碼裝塑鋼拉鍊 52cm 一條,套入 2 個拉鍊頭,做成雙頭拉鍊。將上側袋身前片的表、裡布正面相對夾車拉鍊。

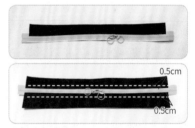

㉑ 翻回正面,沿拉鍊邊 0.5cm 處壓線,另一側上側袋身後片作法相同。完成袋口拉鍊組合。

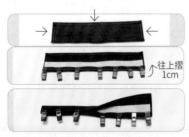

㉒ 將提把布三邊ㄇ字型往中心摺 1cm,回正面車縫 0.7cm。回到背面,將特殊襯如圖擺在沒有車縫的那一側,將布料上下對摺,四周車縫一圈,完成提把。

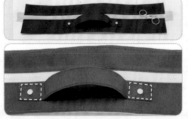

㉓ 依紙型標示將提把車縫在袋口拉鍊組合的後片上,再以鉚釘固定。

㉔ 將下側身袋底表、裡布兩者正面相對,夾車㉓。

天涯伴我行登機包

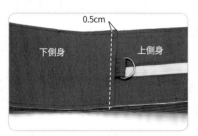

㉕ 翻回正面,距離接合處車縫壓線 0.5cm,另一側作法相同。

㉖ 將側身兩側分別疏縫一圈,完成側身。

製作裡袋身

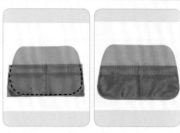

㉗ 取開放口袋布與裡袋身 U 字疏縫,沿裡袋身形狀修剪多餘的布。

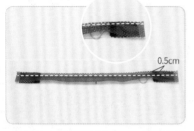

㉘ 在 3V 塑鋼拉鍊 25cm 兩端車縫擋布,再取一片裝飾布與拉鍊正面相對,車縫 0.5cm。

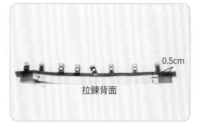

㉙ 將裝飾布往上反摺至背面,再往內摺縫份 0.5cm。

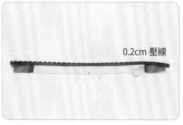

㉚ 回正面壓線 0.2cm。

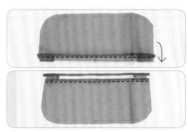

㉛ 取拉鍊口袋布 (紙型 D) 與拉鍊正面相對車縫固定,接著翻回正面壓線。

㉜ 將拉鍊口袋放在裡袋身記號位置,上端車縫固定。

㉝ 把裡袋身與⓯兩者背面相對,上端ㄇ字型、下端 U 字型疏縫。翻至正面於兩側袋角以鉚釘固定皮片掛耳,上掛耳也要。

㉞ 再將網狀口袋布往下翻回,與後袋身 U 字型疏縫。

㉟ 後表袋身正面的樣子。

組合

㊱ 將㉖的側身與⑨的前袋身兩者正面相對,四周對齊車縫一圈,弧度處剪牙口,另一側作法相同。

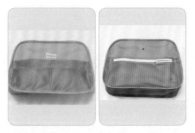

㊲ 參考 P.10 以滾邊作法車縫一圈。

㊳ 翻回正面,參考 P.15 製作兩條可調式背帶。

㊴ 放入自製的活動底板。

㊵ 完成。

別出心裁的袋蓋口袋方便拿取常用小物,各種背法融合在一個包中,隨心所欲用喜歡的方式使用。

10

夏日巴黎
微ㄇ口金三用包

令人一見鍾情的超美弧度袋身，後背、單肩、斜背通用，中央口金拉鍊袋加上前後夾層大口袋，三層配置正反都好用。

▶本包作法／P.71
▶完成尺寸／寬 37× 高 23× 厚 12cm
▶原尺寸大紙型／B 面

裁布表（紙型不含縫份，除特別標示外，製作時請加縫份 1cm。數字尺寸已含縫份。）單位：cm

部位	尺寸	數量	襯	數量	備註
【表袋身】					
❶前、後表袋身（超纖仿皮革）	紙型 A	2	X		
❷表側身袋底（超纖仿皮革）	紙型 C	2	特殊襯	1	★特殊襯依紙型 C 底中心摺雙
❸袋口拉鍊口布（超纖仿皮革）	↔3.5×↕43.5	2	X		
❹表袋前、後外口袋 （表：棉布） （裡：薄防水布）	紙型 B	表2 裡2	厚襯 薄襯 特殊襯	2 2 2	▲厚襯不含縫份
❺外口袋內的開放口袋布（防水布）	紙型 B2	2	X		
❻外口袋內的拉鍊口袋布（薄防水布）	↔19×↕30	1	X		
❼袋身出芽布條（棉布）	長72×寬3.4	2	X		正斜布
❽D 型環絆布（棉布）	↔4.5×↕7	4	薄襯	4	↔4.5×↕7
❾袋口拉鍊擋布（棉布）	↔5.5×↕8	2	薄襯	2	↔5.5×↕8
❿背帶裝飾布（超纖仿皮革）	↔2×↕100	2	X		
【裡袋身】					
❶前、後裡袋身（防水布）	紙型 A	2	X		
❷裡側身袋底（防水布）	紙型 C	2	特殊襯	1	★特殊襯依紙型 C 底中心摺雙
❸袋口拉鍊口布（防水布）	↔3.5×↕43.5	2	X		
❹拉鍊口袋布（薄防水布）	↔25×↕38	1	X		
❺開放口袋布	紙型 B1 紙型 B2	2 2	X X		

※ 特殊襯可依個人喜好換用其他襯。

◆用布量

1. 表布圖案布：棉布 2 尺
2. 配布：超纖仿皮革 2 尺
3. 裡布：防水布 2 尺
4. 口袋布：薄防水布 2 尺

材料 & 配件

(1) 30×7cm 微∩口金 1 組
(2) 隱形磁釦（外徑約 1.8cm）2 組
(3) 問號鉤 3.2cm 4 個
(4) D 型環 2.5cm 4 個、日型環 3.2cm 2 個
(5) 3V 塑鋼拉鍊 20cm、15cm 各 1 條
(6) 5V 碼裝金屬拉鍊 58cm 1 條、
    5V 金屬拉鍊頭 2 個
(7) 3.2cm 織帶 7 尺
(8) 5mm 塑膠出芽條 64cm 2 條
(9) 塑膠底板

和特殊襯車縫接合

01 取表袋前、後外口袋表布 B，先燙厚布襯（不含縫份），再燙薄布襯，最後和特殊襯四周車合。

02 取 2 片表側身袋底正面相對，底部中心對齊車縫接合，縫份倒向左右兩側，先不要壓線。裡側身袋底的作法相同。

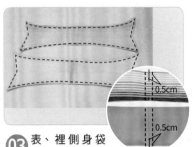

03 表、裡側身袋底組合，背面分別和特殊襯四周車合。回正面，在底部中心線的左右側各壓一道線。

製作表袋外口袋

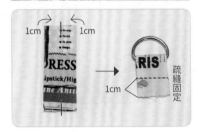

04 將掛耳布燙薄布襯，左右往中心燙摺 1cm，套入 D 型環對摺，完成 4 個。

05 將完成的掛耳布 D 型環，依紙型標示位置，車縫固定在表袋外口袋的袋口上（D 型環向下）。

06 表袋外口袋裡布的背面，依紙型標示位置，車縫隱形磁釦（可以先墊特殊襯，增強牢固性，再和隱形磁釦疏縫，回正面車縫）。

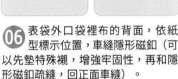

07 將 **05** **06** 完成的表袋外口袋布，表、裡布正面相對，對齊車縫上端。

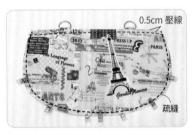

08 回到正面，將表、裡布的左、下、右對齊疏縫，袋口沿著邊 0.5cm 壓線，完成表袋外口袋。另一側作法相同。

製作袋身

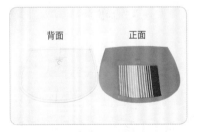

09 取表袋身 A 依紙型標示位置，車縫隱形磁釦和口袋。

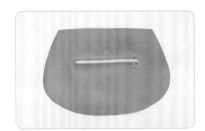

10 另一片表袋身 A 作法相同，可以改成設計一字拉鍊口袋。

11 將完成的表袋外口袋，依紙型標示記號，放在 **09** 及 **10** 的表袋身 A 上面，左、下、右對齊疏縫。

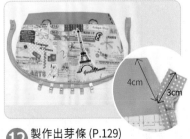

12 製作出芽條 (P.129) 車縫在袋身，袋口兩側上端的出芽布約在 4cm 處向外側拉出約 3cm，完成表袋身，另一片作法相同。

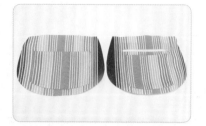

⑬ 裡袋身依個人需求製作口袋。

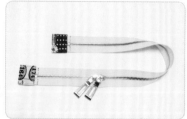

⑭ 將碼裝拉鍊改造成雙頭拉鍊（參考 P.101 ③ 和 P.15 影片），在兩側車拉鍊擋布裝飾（參考 P.9）。

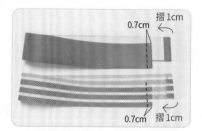

摺 1cm
0.7cm
0.7cm
摺 1cm

⑮ 取拉鍊口布表、裡布，兩側往背面摺 1cm，回正面 0.7cm 處車縫。

組合

疏縫
疏縫
壓線

⑯ 將拉鍊口布表、裡布置中正面相對，夾車袋口拉鍊。回正面如上圖壓線，一端不要壓線留下穿入口金的開口，完成袋口拉鍊。

⑰ 取一片表袋身 A 與 ⑬ 的表側身袋底袋身組合，正面相對車縫接合。

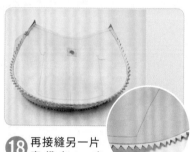

⑱ 再接縫另一片表袋身 A，完成表袋身的組合。袋身弧度剪鋸齒狀牙口，再翻回正面，弧度又順又美。

⑲ 裡袋身作法和步驟⑰～⑱相同，完成裡袋身的組合。

⑳ 將袋口拉鍊的口布置中與表袋身的袋口對齊，正面相對。拉鍊兩側如圓圖示。袋口先疏縫一圈。

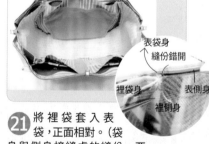

表袋身
縫份錯開
裡袋身
表側身
裡側身

㉑ 將裡袋套入表袋，正面相對。（袋身與側身接縫處的縫份，要錯開以減少厚度，表袋縫份倒向側身，裡袋縫份倒向袋身）。

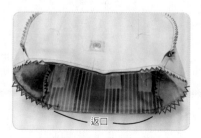

返口

㉒ 袋口再車縫一圈，預留返口。袋口有弧度的位置剪鋸齒狀牙口。

㉓ 從返口翻回正面，將袋身整理好，從返口放入底板。

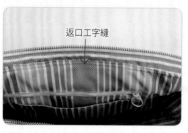

返口工字縫

㉔ 工字縫將返口縫合。

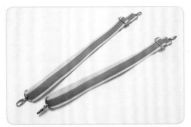

㉕ 回正面，沿著拉鍊口布和袋身車縫接合線的 0.5cm 處，在袋身壓線。將口金穿入口布中，縫合開口。

㉖ 口金穿入後如圖。

㉗ 取背帶裝飾布 (超纖仿皮革)，置中車縫固定在織帶上，織帶的兩端以裝飾布車縫 (參考 P.13)，完成可調式背帶（參考 P.15）。

㉘ 扣上背帶，完成。

一面夾層內為貼式口袋，選用鮮明可愛的布料秒收秒拿。

另一夾層內為一字拉鍊口袋，是想更有安全感時的製作選項。

只靠兩條背帶就能輕鬆從後背改為肩背，行動自由自在。

11
逍遙遊
相機後背包

兩個避震隔層能把空間
分成三區、二區、一區，
迎合各種物品尺寸。

全掀式前緣袋蓋，方便整理行李。內
部隔層可拆卸，針對物品多寡調整內
部排列。

▶本包作法／P.76
▶完成尺寸／寬 36× 高 42× 厚 16cm
▶原尺寸大紙型／D 面

裁布表（紙型不含縫份，除特別標示外，製作時請加縫份 1cm。數字尺寸已含縫份。）單位：cm

部位	尺寸	數量	襯	數量	備註
【表袋身】					
❶ 前表袋身（防水布）	紙型 A	1	特殊襯 6mm 無膠厚棉	1 1	▲無膠厚棉四周縫份少 0.5cm
❷ (1) 後表袋身內層（薄防水布） (2) 後表袋身外層（三明治夾網布）	紙型 A 紙型 A	1 1	特殊襯 6mm 無膠厚棉	1 1	▲無膠厚棉四周縫份少 0.5cm
❸ 上側表袋身（圖案帆布）	紙型 B1	1	特殊襯	1	★特殊襯依紙型 B 上中心摺雙剪裁 ▲無膠厚棉依紙型 B 四周縫份少 0.5cm
❹ 下側表袋身（防水布）	紙型 B2	1	6mm 無膠厚棉	2	
❺ 表袋底（防水布）	紙型 B3	1	特殊襯 6mm 無膠厚棉	1 1	▲無膠厚棉四周縫份少 0.5cm
❻ 前口袋袋蓋（表：圖案帆布） （裡：防水布）	紙型 D1	表 1 裡 1	表：薄布襯 裡：X	1	薄布襯不含縫份
❼ 前口袋袋身（表：圖案帆布） （裡：防水布）	紙型 D2	表 1 裡 1	表：薄布襯 裡：X	1	薄布襯不含縫份
❽ 側口袋（表：圖案帆布） （裡：薄防水布）	紙型 C	表 2 裡 2	X X		★裡布上面的縫份 3cm
❾ 背帶（表：圖案帆布） （裡：三明治夾網布）	紙型 E	表 2 裡 2	表：薄布襯 裡：X	2	薄布襯不含縫份
❿ 上背帶絆布 （表：圖案帆布） （裡：三明治夾網布）	紙型 E1	表 1 裡 1	表：薄布襯 裡：X	1	薄布襯不含縫份
⓫ 下背帶絆布（防水布）	↔12× ↕12	1	X		
⓬ 上背帶絆布固定布（圖案帆布）	紙型 E2	1	薄布襯	1	薄布襯不含縫份
⓭ 提把布（防水布）	↔25× ↕8	1	特殊襯 ↔22× ↕2.5	1	
【裡袋身】					
❶ 前、後裡袋身（防潑水鋪棉布）	紙型 A	2	X		
❷ 側裡袋身（防潑水鋪棉布）	紙型 B	2	特殊襯	1	★特殊襯依紙型 B 上中心摺雙剪裁
❸ 裡袋底（防潑水鋪棉布）	紙型 B3	1	特殊襯 6mm 無膠厚棉	1 1	▲無膠厚棉四周縫份少 0.5cm
❹ 織帶裝飾布（薄棉布）	↔5.5× ↕4	2	X		
❺ 拉鍊擋布（薄棉布）	↔2.6× ↕6	2	薄布襯	2	↔2.6× ↕6
❻ 滾條布（薄棉布）	長 135× 寬 5	2	X		正斜布
❼ 網格拉鍊口袋布	紙型 F	1	X		★摺雙剪裁
❽ 橫隔層布 (1)（防潑水鋪棉布）	↔26× ↕39	1	6mm 無膠厚棉 ↔29× ↕9	4	厚塑膠板 1 片 ↔28× ↕9
❾ 直隔層布 (2)（防潑水鋪棉布）	↔24× ↕26	1	6mm 無膠厚棉 ↔16× ↕8	4	厚塑膠板 1 片 ↔15× ↕8
❿ 拉鍊口袋布（薄防水布）	↔29× ↕38	1	X		

※ 特殊襯可依個人喜好換用其他襯。

◆用布量

1. 表布圖案布：帆布 2 尺
2. 配布：防水布 2 尺
3. 裡布：防潑水鋪棉布 3 尺（幅寬 150cm）
4. 三明治夾網布：2 尺（幅寬 150cm）
5. 口袋布：薄防水布 2 尺

材料 & 配件

(1) 袋口插釦組 1 組
(2) 梯型環 3.2cm 2 個
(3) 彈簧釦 2 個
(4) 雞眼釦（外徑 13mm）2 個、（外徑 10mm）16 個
(5) 魔鬼氈 2.5cm 寬 / 長 3 尺
(6) 束口繩：5mm 鞋帶 1 條
(7) 3.2cm 織帶 5 尺
(8) 6mm 無膠厚棉 2 尺（幅寬 150cm）
(9) 1mm 厚塑膠板
(10) 5V 塑鋼拉鍊 125cm 1 條、5V 拉鍊頭 2 個、3V 塑鋼拉鍊 25cm 1 條
(11) 鉚釘 8mmX8mm 2 組

★ 本包密技 ★

①輕輕鬆鬆的幾個步驟，讓包包的防護效果升級。
②內部隔層可以隨心所欲調整。
③前緣全掀式拉鍊，行李易收易放。

How To Make

增強包包的防護效果

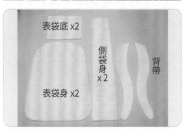

01 依紙型剪裁需要的 6mm 無膠厚棉。

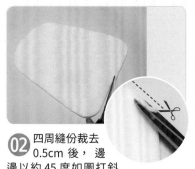

02 四周縫份裁去 0.5cm 後，邊邊以約 45 度如圖打斜修剪。

03 前表袋身的背面，如圖黏布用雙面膠。

04 黏上無膠厚棉（修剪的那一面向外），再和特殊襯四周車合，完成前表袋。

05 後表袋身內層薄防水布的背面，如圖黏布用雙面膠。

06 再黏上無膠厚棉。

07 放在後表袋身外層（三明治夾網布）的背面，再和特殊襯四周車合，完成後表袋。

08 上側身 B1 的下端和下側身 B2 的上端對齊車合，縫份倒向 B1，先不要壓線。另一側作法相同。

09 將 2 片側表袋正面相對上中心對齊車合，縫份倒向左右兩側，先不要壓線。側裡袋作法相同。

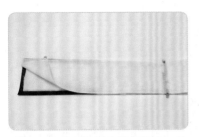

⑩ 取⑨完成的側表袋如同⑬、⑭先黏布用雙面膠，再黏上無膠厚棉再和特殊襯四周車合。

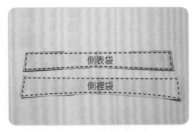

⑪ 側裡袋只和特殊襯四周車合。

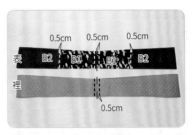

⑫ 回到正面，(1) 側表、裡袋身的上中心，左右各壓一道線。(2)B1 和 B2 接合處，在 B1 壓線。完成側表、裡袋身。

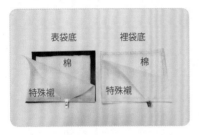

⑬ 表、裡袋底如同⑬～⑭先黏布用雙面膠，再黏上無膠厚棉再和特殊襯四周車合。

⑭ 完成加強包包的防護效果。

製作前表袋口袋

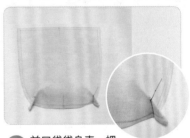

⑮ 前口袋袋身表、裡布 D2 各自依紙型標示在兩側袋底打褶。結束時留線頭打結收尾。

⑯ D2 表、裡布正面相對，底部打褶的部分，方向錯開，可以減少厚度。

⑰ 四周車縫，上方留返口，弧度剪牙口，兩側直角剪斜口。

⑱ 翻回表面，上方沿邊壓二道線。依紙型標示兩側車 2 條褶線，中央安裝插釦底座。

⑲ 前口袋袋蓋 D1 表、裡布正面相對。

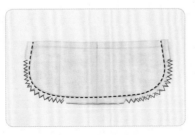

⑳ U 字車縫，弧度剪牙口。

㉑ 翻回表面，U 字沿著邊 0.5cm 車縫裝飾線。

㉒ 將完成的袋蓋車縫在前表袋，放在紙型標示位置，上方沿著邊線0.5cm車縫。

㉓ 袋蓋往上翻，下方沿著邊1cm車縫固定袋蓋，再將⓲完成的袋身，依紙型位置，四周車縫固定，在袋蓋安裝插釦。

製作表側口袋

㉔ 側口袋表、裡布正面相對，上、下端各自對齊車縫。

㉕ 翻回正面下端先對齊疏縫，上方1cm處壓線，再如圖示位置安裝雞眼釦。中間用13mm的尺寸，其餘兩側為10mm的。

㉖ 束口繩先打單結再穿入彈簧釦，再如圖穿入雞眼釦，在側邊將束口繩車縫固定。

㉗ 下端依紙型記號打褶。

製作提把和背帶

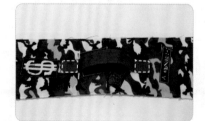

㉘ 將完成的表側口袋，依紙型標示位置固定車縫在側表袋。另一側作法相同。

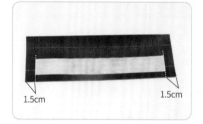

㉙ 將特殊襯置中放在圖示的位置。

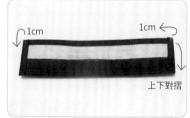

㉚ 四周往內摺縫份1cm，回正面四周車縫0.5cm，再上下對摺，車縫四周完成提把。

㉛ 如圖示記號，將提把口字車縫在側表袋的上方，再以鉚釘固定。

㉜ 背帶E表、裡布正面相對，U字車縫。

㉝ 弧度剪牙口（如圖左），翻回正面（如圖右）。

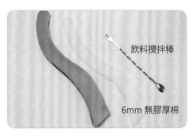

㉞ 準備厚棉和飲料攪拌棒（約長 25cm)。

㉟ 將厚棉塞入背帶內（有修剪斜邊的那一面，向著三明治夾網布）。

㊱ 厚棉塞入後，在正面 U 字沿著邊 0.5cm 壓線（可更換鋪棉壓腳），完成兩條背帶。

㊲ 準備製作背帶的材料和配件。長織帶的一端先車裝飾布（參考 P.13)。下背帶絆布先對角斜切為兩個三角形。

㊳ 短織帶套入梯型環，背面如圖示以裁縫上手膠固定。

㊴ 車縫在背帶的末端。

㊵ 上背帶絆布組合作法參考 P.13 ❿～ P.14 ⓫⓬⓭，下背帶絆布組合作法參考 P.53 ㉒～㉔。

㊶ 將上背帶絆布組合與下背帶絆布組合依紙型標示位置，各自疏縫在後表袋上。如圓圖，修掉絆布多餘處。

㊷ 上背帶絆布固定布一邊先燙摺 1cm，正面和上背帶絆布組合相對，如圖記號線車縫。

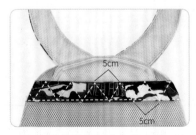

㊸ 上背帶絆布固定布往下摺，車縫下面一道固定，再 V 字車縫壓線。

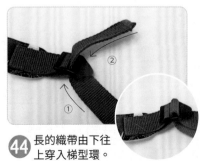

㊹ 長的織帶由下往上穿入梯型環。

㊺ 後表袋和背帶的組合完成。

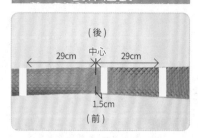

㊻ 步驟⓮的側裡袋，依圖標示記號車縫魔鬼氈(毛面)。

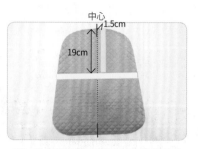

㊼ 後裡袋身依圖示記號車縫魔鬼氈(毛面)。

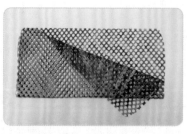

㊽ 網格拉鍊口袋布正面相對車縫上端。

㊾ 取 3V25cm 拉鍊兩端先車擋布(參考 P.116 ⓭)，網格拉鍊口袋布翻回表面，摺雙的那邊，和拉鍊的下方車縫。

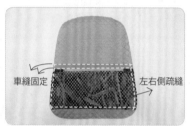

㊿ 依紙型標示位置，用人字織帶固定車縫拉鍊口袋上端。拉鍊口袋左右側疏縫、底部車縫固定。

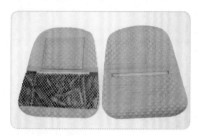

51 另一側製作一字拉鍊，完成裡袋。

52 5V 碼裝拉鍊 125cm 1 條，套入兩個拉鍊頭(參考 P.84 ⓺～⓽)，取側表、裡袋正面相對，夾車拉鍊。

53 回到正面在拉鍊旁側袋身壓線。表袋底一側邊先摺入 1cm，回正面車縫 0.7cm。

54 取袋底 B3 表、裡夾車側袋身拉鍊組合(表袋底 B3 沒有摺入 1cm 縫份的那一側)。

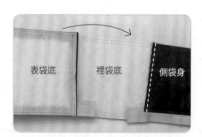

55 裡袋底的另一側先和側袋身拉鍊組合的另一端正面相對車縫。

56 表袋底 B3 摺入 1cm 縫份的一側，再和側袋身拉鍊組合的另一端車縫。完成側身和袋底的組合。

57 將前表袋身和前裡袋身背面相對，四周疏縫一圈。

58 將後表袋身和後裡袋身背面相對，四周疏縫一圈。

59 取56與57兩者正面相對，四周疏縫一圈。

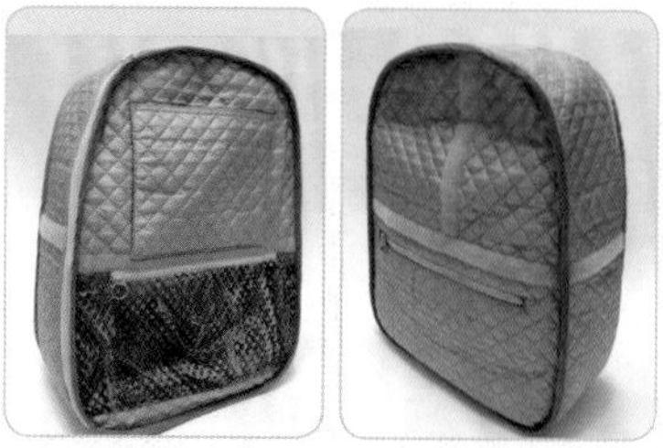

60 另一側作法相同，再滾邊即完成。

製作裡袋隔層

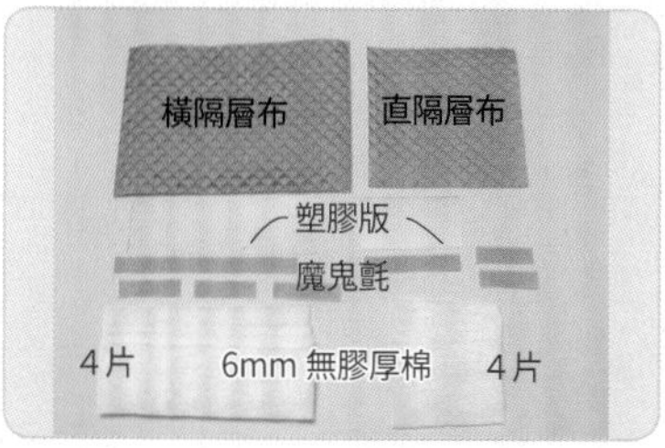

61 準備隔層需要的材料。橫：2.5cm 寬魔鬼氈刺面 27cm1 條及 11cm2 條、毛面 10cm1 條；直：刺面 10cm2 條及 15cm1 條。

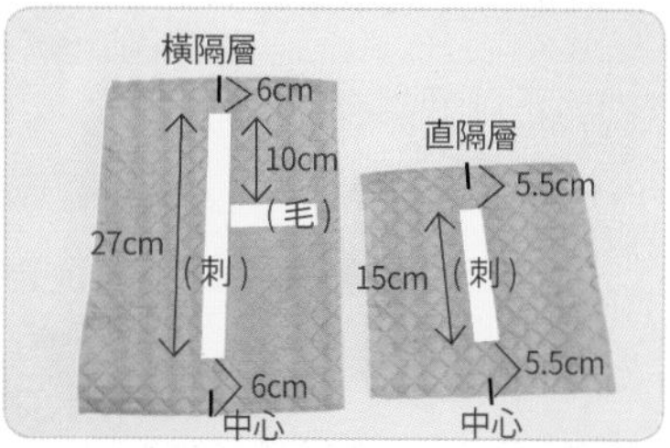

62 在隔層布上依圖示記號車縫魔鬼氈 (刺面)。

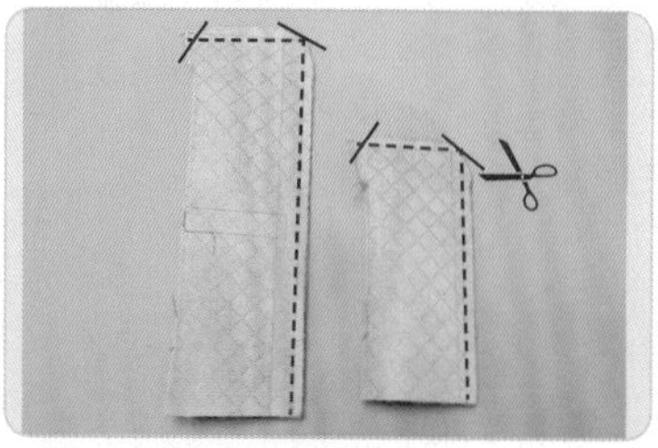

63 左右對摺依圖示記號車縫。直角修縫份。

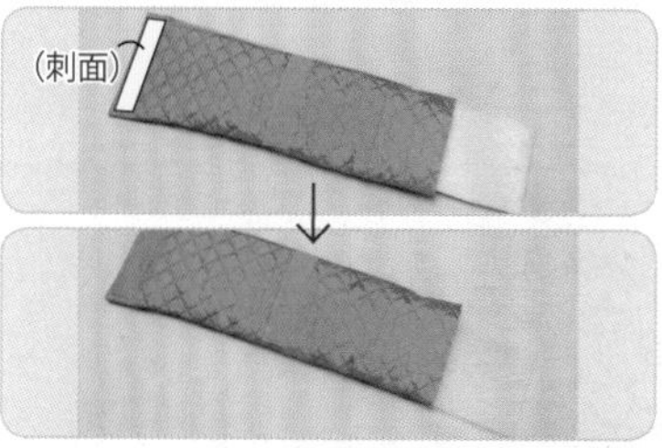

64 翻回正面，先在一側車魔鬼氈 (刺面)，塞入厚棉。再放入厚塑膠板，再塞入厚棉（厚棉中間是塑膠板）。

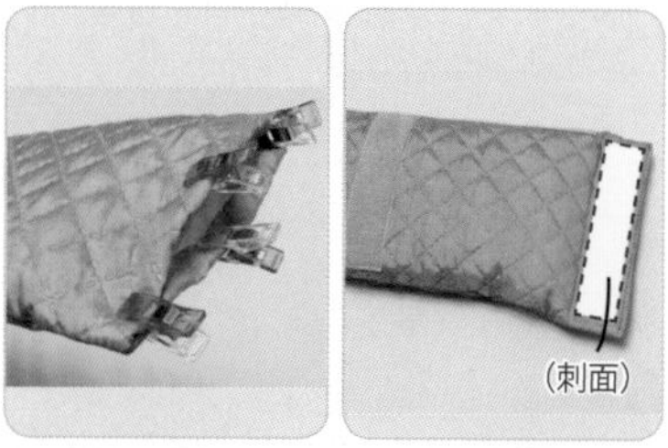

65 另一邊內摺 1cm。再車魔鬼氈 (刺面)。

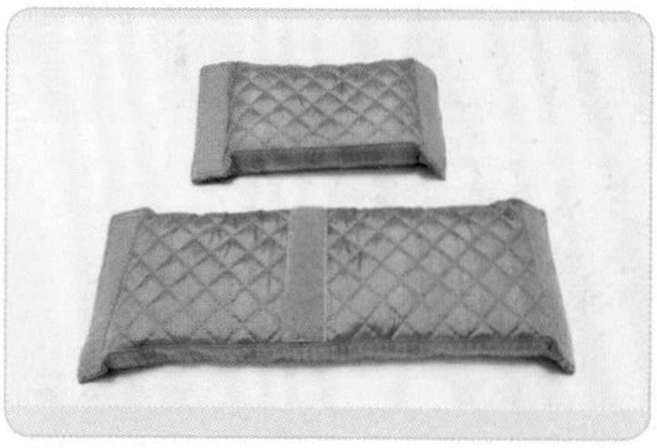

66 完成兩塊隔層。

67 內部隔層的樣子。

68 完成圖。

12 冰火包～ 汽車兩用 保溫袋

除了車用外,當成後背包使用也聰明有型!

外表時尚、特殊內裝、可隔成上下兩層的超大容量,配上保溫襯,冷飲、熱食無所不能。

▶本包作法／P.84
▶完成尺寸／寬 31× 高 34× 厚 11cm
▶原尺寸大紙型／C 面

裁布表（紙型不含縫份，除特別標示外製作時布和襯請加縫份 1cm。數字尺寸已含縫份。）單位：cm

部位	尺寸	數量	襯	數量	備註
【表袋身】					
❶ 表袋蓋（防水布）	紙型 A	1	●特殊襯：紙型 A 剪裁 1 片 保溫襯以紙型 A，四周少 0.7cm 剪裁 1 片		
❷ 上前表袋身（防水布）	紙型 A1	1	★（前表袋身＋側表袋身） 特殊襯以紙型 B2 剪裁 1 片 保溫襯以紙型 B2，四周少 0.7cm 剪裁 1 片 ★（後表袋身＋側表袋身） 特殊襯以紙型 B3 剪裁 1 片 保溫襯以紙型 B3 四周少 0.7cm 剪裁 1 片		
❸ 下前表袋身（防水布）	紙型 A2	1			
❹ 上後表袋身（防水布）	紙型 A3	1			
❺ 下後表袋身（防水布）	紙型 A4	1			
❻ 側表袋身（防水布）	紙型 B	2			
❼ 表袋底（防水布）	紙型 A5	1	●特殊襯：紙型 A5 剪裁 1 片 保溫襯以紙型 A5，四周少 0.7cm 剪裁 1 片		
❽ 側口袋（表：防水布） （裡：薄防水布）	紙型 B1	各 2	X		★裡布 上方縫份 2.5cm
❾ 椅背套布（防水布）	紙型 A6	2	特殊襯	2	
❿ 椅背套布固定布（防水布）	↔30×↕6	1	X		
⓫ 袋口拉鍊絆布（防水布）	↔22×↕3.1	1	X		
⓬ 前表袋拉鍊上口袋布（防水布） 下口袋布（防水布）	↔26×↕21 ↔26×↕22.5	1 1	X X		
⓭ 後表袋上開放口袋布（防水布） 下開放口袋布（防水布）	↔25×↕20 ↔25×↕19	1 1	X X		
⓮ 3.2cmD 型釦環絆布（防水布） 2.5cmD 型釦環絆布（防水布）	↔5.2×↕8 ↔4.5×↕6	1 2	特殊襯 特殊襯	1 2	↔3×↕7 ↔2×↕5
⓯ 織帶裝飾布（防水布）	↔6.5×↕4	6	X		
⓰ 拉鍊擋布（防水布）	↔3.1×↕5	2			
【裡袋身】					
❶ 裡袋蓋（防水布）	紙型 A	1	X		
❷ 裡袋底（防水布）	紙型 A5	1	特殊襯	1	
❸ 前裡袋身（防水布）	紙型 D	1	X		
❹ 後裡袋身（防水布）	紙型 D1	1	X		
❺ 隔層布（防水布）	紙型 D2	2	隔層塑膠板：紙型 D3 裁剪 1 片 隔層保溫襯：紙型 D3 裁剪 2 片		
❻ 袋口拉鍊絆布（防水布）	↔22×↕3.1	1	X		
❼ 滾邊條（薄防水布）	↔3.5×↕72	1	X		正斜布

※ 特殊襯可依個人喜好換用其他襯。

◆用布量

1. 表布圖案布：防水布 2 尺
2. 配布：防水布 2 尺
3. 裡布：防水布 2 尺
4. 口袋布：薄防水布 1 尺

材料 & 配件

(1) 日型環 3.2cm 2 個、問號鉤 3.2cm 4 個
(2) 織帶 3.2cm 12 尺
(3) 1cm 寬鬆緊帶 長 26cm
(4) 魔鬼氈 2.5cm 寬 / 長 5cm
(5) 塑鋼插釦（內徑約 3.2cm)1 組
(6) 5V 塑鋼拉鍊 86cm 1 條
(7) D 型環 3.2cm1 個、2.5cm 4 個
(8) 34mm 雞眼釦 2 組
(9) 掛耳片 2 片

★ **本包密技** ★
①教你隨心所欲自由搭配彩色塑鋼拉鍊。
②如何運用保溫襯，保冷保熱都好用。
③可套在汽車椅背也可拿下來後背，超強實用。

How To Make

剪裁用布和襯的注意事項

01 保溫襯正面是銀色、背面是白色。如下圖在背面方便做記號，依紙型裁剪後再四周剪掉 0.7cm。

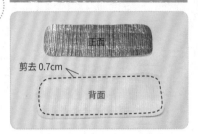

02 (前表袋 + 側表袋) 的保溫襯和特殊襯版型都是紙型 B2，剪裁時留意左右方向，特殊襯縫份 1cm；保溫襯四周剪掉 0.7cm（如圖示）。

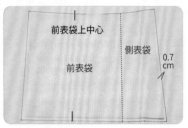

03 (後表袋 + 側表袋) 的保溫襯和特殊襯版型的剪裁方法和⑫相同。

配件製作
（一）塑鋼拉鍊的自由組合

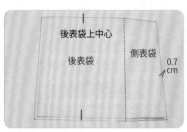

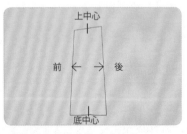

04 側表袋身也有左右之分。

05 剪裁用布時留意左右方向。

06 取 2 款不同顏色的塑鋼拉鍊，從一端拉開，如下圖完全拉開。

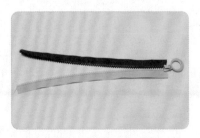

07 各別拿一邊的拉鍊對齊後，拉鍊頭從一端套入。

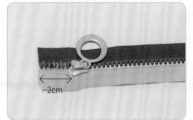

08 拉到另一端約 2cm 的距離停止，如圖將末端 2cm 捲針縫縫合，完成拉鍊組合。

09 裁剪 5V 塑鋼拉鍊 26cm/60cm 各一條，如上述方法自由組合後備用。

84

（二）D 型釦環製作

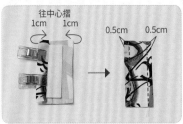

往中心摺
1cm　1cm
0.5cm　0.5cm

⑩ 將特殊襯置中在釦環絆布背面（如圖左），回正面，左右距離邊 0.5cm 分別車縫固定（如圖右）。

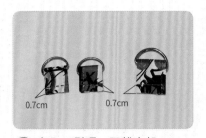

0.7cm　　0.7cm

⑪ 套入 D 型環，距離底部 0.7cm 疏縫固定，完成 2 個 2.5cmD 型釦環、1 個 3.2cmD 型釦環。

（三）插釦環織帶、背帶製作

⑫ 準備內徑 3.2cm 插釦一個、3.2cm 寬織帶長 25cm/110cm 各一條。在織帶的一端，各自車縫織帶裝飾布（參考 P.13）。

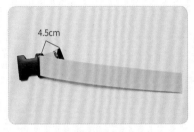

4.5cm

⑬ 短織帶有織帶裝飾布的一端，套入插釦環母釦反摺約 4.5cm。

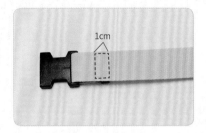

1cm

⑭ 在正面口字車縫固定。

⑮ 長織帶有織帶裝飾布的一端，套入插釦環公釦。

⑯ 再反摺套回來，完成插釦環織帶。

⑰ 背帶需要的材料：3.2cm 寬織帶長 100cm2 條，在織帶的兩端，都要車縫織帶裝飾布。3.2cm 日型環 2 個、3.2cm 問號鉤 4 個。

⑱ 參考 P.15 作法完成可調式背帶。

製作側口袋

⑲ 側口袋表、裡布正面相對，上下各別對齊車縫一道。

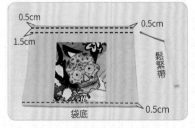

0.5cm　　　　0.5cm
1.5cm
鬆緊帶
袋底　　　　0.5cm

⑳ 翻回正面，袋底表裡布對齊，車縫裝飾線。袋口車縫二道線（如圖示），再將寬 1cm 長 13cm 的鬆緊帶，從一端穿入。

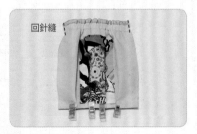

回針縫

㉑ 穿入鬆緊帶的兩端，回針縫固定。

㉒ 袋底按照紙型標示的記號打褶。褶子的樣式如圖。

㉓ 兩側底部打褶的樣式如圖，可以先疏縫固定。

㉔ 按照紙型標示位置，車縫在側表袋身上。如圖左、右側疏縫，底部車縫，完成側表袋身。

製作表袋身

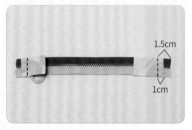

1.5cm
1cm

㉕ 取❾的 26cm 塑鋼拉鍊，如圖兩端車縫拉鍊擋布。

前表袋拉鍊上口袋布　　下前表袋

㉖ 下前表袋身和前表袋拉鍊上口袋布，正面相對夾車拉鍊。

㉗ 回到正面，距離拉鍊邊車合處 0.2cm，在下前表袋身車縫裝飾線。

前表袋拉鍊下口袋布
上前表袋身

㉘ 上前表袋身和前表袋拉鍊下口袋布，正面相對夾車拉鍊（如圖）。

0.2cm

㉙ 上前表袋身上翻回到正面，距離拉鍊邊車合處 0.2cm，在上前表袋身車縫裝飾線。

㉚ 再將下前表袋身往上翻，U 字車縫口袋。

前← →後

㉛ 完成前表袋身。取一側表袋身（留意左右側有前後之分）。

側表袋身 (背)

㉜ 正面相對車縫固定，縫份倒向前表袋身，先不車縫壓線。

特殊襯
保溫襯(正)

㉝ 如圖（前表袋＋側表袋）背面和特殊襯夾車保溫襯，四周疏縫一圈，保溫襯的正面（銀色）向著特殊襯。

34 回到正面，距離前表袋身和側表袋身車合處 0.5cm，在前表袋身車縫裝飾線。完成（前表袋＋側表袋）。

35 椅背套布表、裡布分別和特殊襯車縫，再正面相對 U 字車縫。

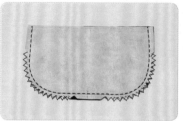

36 弧度剪牙口。

37 回到正面 U 字車縫裝飾線。翻到背面，如圖示位置車縫魔鬼氈（刺面）。

38 按照紙型標示位置，從正面安裝 34mm 雞眼釦，2 個雞眼釦的距離可依自家車內椅背上頭墊卡榫的距離，略做調整。

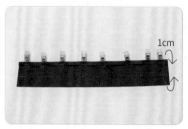

39 椅背套布固定布上下往內摺 1cm。

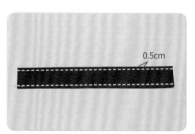

40 回到正面，上下各自車縫固定。

41 下後表袋身和後表袋上開放口袋布正面相對，上端車縫一道。

42 口袋布往上翻。

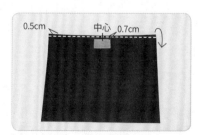

43 口袋布再往下摺到背面，距離邊 0.5cm 車縫裝飾線，如圖示位置車縫魔鬼氈（毛面）。

44 上後表袋身和後表袋下開放口袋布正面相對，上端車縫一道。

45 口袋布往下摺，縫份倒向上後表袋身，在上後表袋身車縫裝飾線。

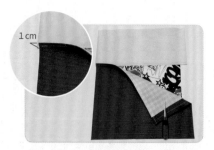

46 將下後表袋身重疊在上後表袋身，重疊 1cm。

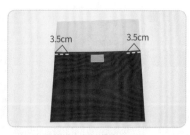

47 如圖示，在重疊處左右側分別車縫 3.5cm 固定。

48 翻到背面，U 字車縫口袋。注意：不要車到下後表袋身。

49 再回到正面，按照紙型標示位置，疏縫固定 3.2cmD 型釦環。

50 將椅背套布疏縫固定在紙型標示位置。如圖標示，車縫椅背套布固定布，V 字車縫裝飾線。

51 在底部兩側，按照紙型標示位置，疏縫固定 2.5cmD 型釦環和插釦環織帶，完成後表袋身。

52 重複步驟 ③ ～ ㉞ 完成（後表袋＋側表袋），再和（前表袋＋側表袋）正面相對，左右車縫一道，縫份倒向表袋身，在正面車縫裝飾線。

53 完成的樣子。

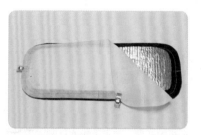

54 表袋底背面和特殊襯夾車保溫襯，保溫襯的正面（銀色）向著特殊襯。

製作袋口拉鍊

55 表袋蓋作法相同。

56 表袋蓋和裡袋蓋背面相對，四周疏縫一圈。

57 袋口拉鍊絆布的表布先和特殊襯車縫，表、裡布再夾車 ⑨ 的 60cm 拉鍊。表、裡布要對齊距離末端 2cm 處，另一側作法相同。

疏縫

58 回到正面，距離車合處 0.2cm 先壓縫裝飾線。再將袋口拉鍊絆布表、裡布上下疏縫車合。

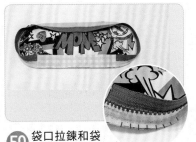

59 袋口拉鍊和袋蓋正面相對疏縫一圈，弧度的地方剪牙口。

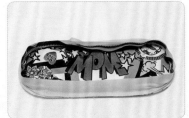

60 先車縫一側滾邊條。

製作裡袋身

61 再車縫另一側滾邊完成，表面、裡面的樣子。

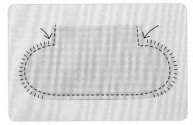

62 裡袋隔層布正面相對，如圖標示車縫，弧度剪牙口。

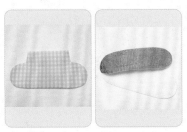

63 翻回正面。按照紙型 D3 剪裁塑膠板 1 片、保溫襯 2 片。

64 將 2 片保溫襯夾住塑膠板，塞入裡袋隔層內。

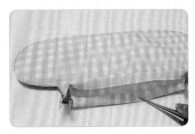

65 返口往內摺縫份 1cm。

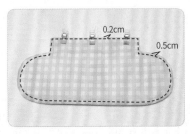

0.2cm
0.5cm

66 如圖標示車縫一圈，完成裡袋隔層。

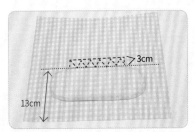

3cm

13cm

67 如圖標示位置，將裡袋隔層車縫固定在裡袋身（背面可先墊一塊特殊襯再車縫，以加強牢固性）。

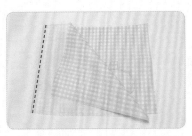

68 前後裡袋身正面相對，車縫兩側，縫份攤開，在正面車縫裝飾線。

69 完成裡袋身。

70 裡袋身正面和袋口拉鍊背面相對，疏縫一圈。

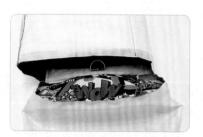

71 表袋身正面和袋口拉鍊正面相對。

72 車縫袋口一圈。

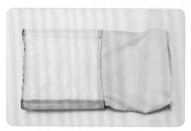

73 將裡袋身拉出。

74 表袋身和表袋底正面相對，四周接合車縫。

約 24cm 返口

75 裡袋底先和特殊襯車縫，再和裡袋身正面相對車縫，留返口約 24cm。

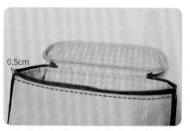

0.5cm

76 從返口翻出回到正面，整理後，在袋口車縫裝飾線一圈。

1cm

77 在側袋身安裝掛耳（2.5cmD 型環）。

78 內部下層可放鋁罐飲料。

79 隔層拉起，上面還可以放一層。

80 完成囉！

特別設計的可調式插釦腰帶，能分擔肩背重量，也可固定在椅背上！

90

13

蝶飛口金兩用包

正面的長版袋蓋是充分展現布料取圖的舞台，蝴蝶翩翩點綴的懷舊信箋風格鮮明，和諧的灰綠配色讓整體更顯雋永耐看。

▶本包作法／P.93
▶完成尺寸／寬 30× 高 32× 厚 13cm
▶原尺寸大紙型／C 面

裁布表（紙型不含縫份，除特別標示外，製作時請加縫份 1cm。數字尺寸已含縫份。）單位：cm

部位	尺寸	數量	襯	數量	備註
【表袋身】					
❶前表袋袋蓋（表：圖案防水布）（裡：防水布）	紙型 A	表 1 裡 1	特殊襯 X	1	
❷袋蓋拉鍊口袋布（薄棉布）	↔ 25x ↕ 38	1	薄布襯 ↔ 25x ↕ 6	1	
❸袋蓋 上釦環絆布（圖案防水布） 下釦環絆布（圖案防水布）	↔ 5x ↕ 6 ↔ 4.5x ↕ 8	1 1	X X		
❹前表袋身（防水布） 後表袋身（圖案防水布）	紙型 B	1 1	特殊襯	2	
❺前表袋口袋布（表：超纖仿皮革）（裡：薄棉布）	紙型 B1	表 1 裡 1	X X		
❻表袋底（防水布）	紙型 C	1	特殊襯	1	
❼上背帶絆布（表：圖案防水布）（裡：防水布）	紙型 D	表 1 裡 1	特殊襯 X	1	
❽上背帶絆布固定布（防水布）	↔ 24x ↕ 6	1	X		
❾下背帶絆布（防水布）	↔ 15× ↕ 15	1	X		
❿織帶裝飾布（薄棉布）	↔ 5.5x ↕ 4	2	X		
⓫袋口拉鍊口布（圖案防水布）	↔ 3.5x ↕ 35	2	X		
⓬袋口拉鍊擋布（圖案防水布）	↔ 5x ↕ 8	2	X		
【裡袋身】					
❶前、後裡袋身（防水布）	紙型 E	2	X		
❷側裡袋身（防水布）	紙型 E1	2	X		
❸裡袋底（防水布）	紙型 C	1	X		
❹拉鍊口袋布（薄棉布）	↔ 25x ↕ 38	1	薄布襯 ↔ 25x ↕ 6	1	
❺開放口袋布（薄防水布）	↔ 22x ↕ 32	1	X		
❻iPad 口袋布（防水布）	↔ 21x ↕ 25	2	X		
❼iPad 口袋絆布（防水布）	↔ 11x ↕ 14	1	X		
❽袋口拉鍊口布（防水布）	↔ 3.5x ↕ 35	2	X		

※ 特殊襯可依個人喜好換用其他襯。

◆ 用布量

1. 表布圖案布：圖案防水布 2 尺
2. 配布：防水布 2 尺、超纖仿皮革 1 尺
3. 裡布：防水布 2 尺
4. 口袋布：薄棉布 2 尺

材料 & 配件

(1) 25×7cm 微∩型口金 1 組
(2) 問號鉤 3.2cm 1 個、D 型環 2.5cm 1 個
(3) 日型環 3.2cm 2 個、□型環 3.2cm 2 個
(4) 3V 塑鋼拉鍊 20cm 1 條
(5) 5V 碼裝塑鋼拉鍊 80cm1 條、 5V 塑鋼拉鍊頭 3 個
(6) 3.2cm 織帶 9 尺
(7) 鉚釘 8mm×6mm 4 組

和特殊襯車縫接合

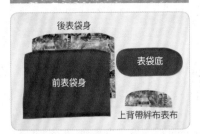

後表袋身
表袋底
前表袋身
上背帶絆布表布

01 前、後表袋身、表袋底、上背帶絆布表布，先和特殊襯車縫接合。

製作袋蓋釦環

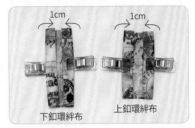

1cm   1cm
下釦環絆布   上釦環絆布

02 取上、下釦環絆布，左右往中間摺 1cm。

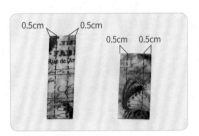

0.5cm 0.5cm
0.5cm 0.5cm

03 回到正面，各自左右車縫固定。

1cm   1cm

04 上釦環絆布套入 3.2cm 問號鉤，下釦環絆布套入 2.5cmD 型環。在底部疏縫。

製作前表袋袋蓋

05 裁剪 5V 碼裝拉鍊 26cm1 條，套入 5V 拉鍊頭 1 個。取前表袋袋蓋表布依紙型標示位置製作一字拉鍊口袋 (參考 P.14)。

06 再和特殊襯四周車縫接合。

07 將問號鉤釦環絆布如圖置中固定在袋蓋表布下端，疏縫固定。

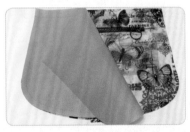

08 將前表袋袋蓋表、裡布正面相對，四周車縫一圈，在上部留返口。

返口

09 在弧度處剪牙口，左、右上側直角修剪縫份 (約留 0.3cm)。

10 從返口翻回正面，沿著邊線 0.5cm 四周壓線一圈，完成袋蓋。

製作提把、背帶組

1cm

0.7cm

11 取上背帶絆布固定布，背面四周往內摺 1cm，回到正面，四周車縫固定。

12 如圖裁剪 3.2cm 寬織帶 40cm 長兩條，中段對摺車縫 24cm，完成提把。

⑬ 取下背帶絆布，對角線裁切成兩片。

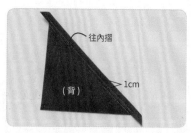

⑭ 對角線的一邊往內摺，回正面沿著邊線 0.7cm 車縫固定。

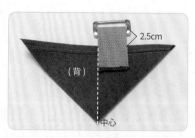

⑮ 裁剪 3.2cm 寬織帶 12cm 長 2 條，套入口型環對摺，如圖放在步驟⑭的下背帶絆布背面。

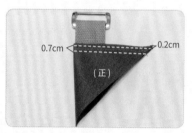

⑯ 將下背帶絆布如圖對摺，0.2cm、0.7cm 各車縫一道固定。

⑰ 參考 P.13 超好背組合背帶作法，完成背帶組合。

製作前表袋身

⑱ 取前表袋口袋布表、裡布正面相對車縫上端，弧度處剪牙口。

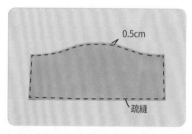

⑲ 翻回正面上端車縫裝飾線。左、下、右 U 字疏縫，完成前表袋口袋。

⑳ 依據紙型標示位置，將⑫完成的提把、⑲完成的前表袋口袋，U 字疏縫固定在前表袋身，車縫分隔線，將口袋分成 3 格。

㉑ 依據紙型標示位置，將⑩完成的前表袋袋蓋組合，車縫二道線固定在前表袋身。可以在提把上先安裝鉚釘，以加強牢固性。

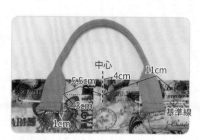

㉒ D 型環釦環絆布，如圖置中車縫在前表袋身的底部。

製作後表袋身

㉓ 另一個提把依據紙型標示位置，疏縫固定在後表袋身。

㉔ 提把位置示意。

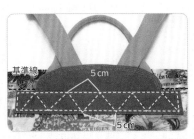

25 如圖示，將背帶組合和後表袋身正面相對，疏縫固定。

26 取上背帶絆布固定布，上端對齊基準線，四周車縫固定。按照標示線 V 字車縫裝飾線。

27 下背帶絆布口型環組合如圖車縫固定，完成後表袋身。

製作袋口拉鍊

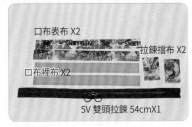
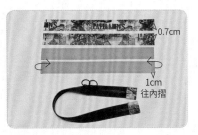

28 準備製作材料和配件。

29 拉鍊口布左右縫份往內摺 1cm，在正面車縫 0.7cm 固定，表裡布作法相同。按照 P.9 作法完成拉鍊擋布的車縫。

30 取拉鍊口布表、裡布置中正面相對夾車拉鍊。回到正面，匚字壓線，一端留口金的穿入開口。

製作裡袋

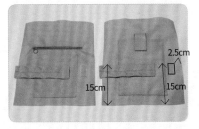

31 依據個人需求製作口袋，這咖包包在左右兩側製作了萬用絆帶，請參閱 P.12 萬用絆帶作法。完成前後裡袋身。

32 取一片裡袋身和左右側裡袋身車縫接合，另一邊作法相同。

33 兩片裡袋組合正面相對，車縫左右側邊，選擇一側邊預留返口。

組合

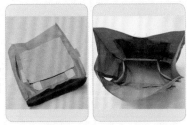

34 再和裡袋底車縫接合，完成裡袋身的組合。

35 取完成的㉒前表袋身和㉗後表袋身正面相對，車縫左右兩側。

36 再和表袋底車縫接合，完成表袋身的組合。

③⑦ 取③完成的袋口拉鍊組合,和表袋身的組合正面相對,拉鍊口布對齊袋口,疏縫一圈。

③⑧ 套入裡袋身,正面相對,袋口車縫一圈。

③⑨ 由返口翻出回到正面,將表、裡袋身整理平順,沿著拉鍊邊0.5cm 在袋口壓線一圈。

活動底板

④⓪ 將口金穿入,從返口放入塑膠板,縫合返口。或者,先縫合返口,將製作的活動底板放入。

④① 完成。

魔鬼氈絆釦的平板緩衝夾層口袋。

掀開袋蓋就有隨手可放小物的三格貼式口袋。

14

那些年袋後背包

前後袋身與拉鍊側身一體成型，構成直挺好看的線條。上下拼接呼應的復古配色布，以斜向拉鍊劃出一抹率性的分界。

▶本包作法／P.99
▶完成尺寸／寬 33× 高 37× 厚 13cm
▶原尺寸大紙型／C 面

裁布表（紙型不含縫份，除特別標示外，製作時請加縫份 1cm。數字尺寸已含縫份。）單位：cm

部位	尺寸	數量	襯	數量	備註
【表袋身】					
❶ 左上前表袋身（防水布）	紙型 A1	1	X		★特殊襯以
中上前表袋身（棉麻布）	紙型 A2	1	厚襯、薄襯	各 1	紙型 A 剪裁 1 片
右上前表袋身（防水布）	紙型 A3	1	X		★紙型 A2、A4 的厚襯
❷ 下前表袋身（棉麻布）	紙型 A4	1	厚襯、薄襯	各 1	不含縫份，薄襯含縫份
❸ 後表袋身（防水布）	紙型 A	1	特殊襯	1	
❹ 表側身袋底（防水布）	紙型 B	2	特殊襯	1	★特殊襯以
❺ 表側口袋（表：棉麻布）	紙型 B2	表 2	X		紙型 B 底中心摺雙剪裁
（裡：薄防水布）		裡 2	X		
❻ 上背帶絆布	紙型 C	表 1	薄襯	2	
（表、裡：棉麻布）		裡 1			
❼ 上背帶絆布固定布（棉麻布）	紙型 C1	1	薄襯	1	
❽ 下背帶絆布（防水布）左	紙型 C2	2	X		
右		2			
❾ 前表袋拉鍊上口袋布（薄防水布）	紙型 A4	1	X		
❿ 前表袋拉鍊下口袋布（薄防水布）	紙型 A5	1	X		
⓫ 前表袋拉鍊擋布（棉麻布）	↔ 3.1x ↕ 6	2	薄襯 ↔ 3.1x ↕ 6	2	
⓬ 織帶裝飾布（薄棉布）	↔ 6.5x ↕ 4	2	X		
【裡袋身】					
❶ 前、後裡袋身（防潑水鋪棉布）	紙型 A	2	X		
❷ 裡側身袋底（防潑水鋪棉布）	紙型 B	2	特殊襯	1	★特殊襯以 紙型 B 底中心摺雙剪裁
❸ 裡袋底板固定布（棉麻布）	紙型 B1	1	厚襯	1	★厚襯不含縫份
❹ 拉鍊口袋布（薄防水布）	↔ 26x ↕ 40	1	X		
❺ 開放口袋布（防潑水鋪棉布）	↔ 24x ↕ 32	1	X		
❻ iPad 口袋布（防潑水鋪棉布）	↔ 21x ↕ 48	1	X		
❼ iPad 口袋絆布（防潑水鋪棉布）	↔ 12x ↕ 14	1	X		
❽ 滾邊布（薄防水布）	長 105x 寬 4.5	2	X		正斜布

※ 特殊襯可依個人喜好換用其他襯。

◆ 用布量　　1. 表布圖案布：棉麻 2 尺　　3. 裡布：防潑水鋪棉布 2 尺
　　　　　　2. 配布：防水布 2 尺　　　　4. 口袋布：薄防水布 2 尺

材料 & 配件
(1) 日型環 3.8cm 2 個、口型環 3.8cm 2 個
(2) 3.8cm 織帶 8 尺
(3) 1cm 寬鬆緊帶長 22cm
(4) 魔鬼氈 2.5cm 寬 / 長 5cm
(5) 5V 金屬拉鍊 30cm 1 條、60cm 1 條、
　　5V 金屬拉鍊頭 3 個
(6) 3V 塑鋼拉鍊 20cm 1 條
(7) 鉚釘 8mm×6mm 4 組

★本包密技★ ①學習 T 型袋身的打版。
②是袋身又是拉鍊口袋的製作讓包包更有設計感。

裁布注意事項

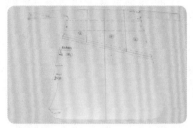

01 裁剪上前表袋身、下前表袋身的布和襯時，版型要左右相反。

02 下前表袋身（A4）為棉麻布，先燙厚布襯（不含縫份），再燙薄布襯（含縫份）。

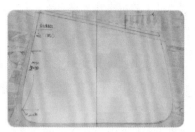

03 依照版型剪裁（版型要左右相反）。中上前表袋身 (棉麻布) 作法相同。

製作前表袋和拉鍊口袋

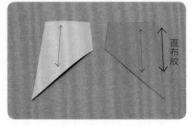

04 下背帶絆布裁剪時，如圖左右各兩片，直布紋剪裁。

05 取中上前表袋身（A2）和右上前表袋身（A3），正面相對，車縫右側，縫份倒向 A2。

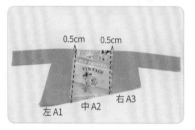

06 左上前表袋身 (A1) 作法同前，在中上前表袋身（A2）壓線，完成上前表袋身。

07 取 5V 金屬拉鍊 30cm，兩端拔齒後為 23.5cm，套上拉鍊頭，兩端安裝上止和下止。拉鍊兩端車縫拉鍊擋布，作法參考 (P.116 **03**)。

08 下前表袋身和前表袋拉鍊上口袋布（A4）正面相對，夾車拉鍊。

09 回到正面壓線。

10 取 **06** 和 **09**，正面相對對齊上端，車縫接合。

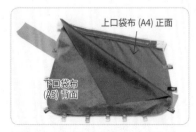

11 翻到背面，再將前表袋拉鍊下口袋布（A5）正面向下，上部對齊黏合，車縫拉鍊。

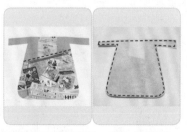

12 回到正面壓線，再和特殊襯四周車縫接合。完成前表袋身。

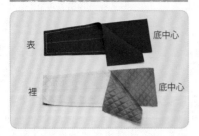

⑬ 取表、裡側身袋底（B）各自正面相對，車縫底部中心，縫份倒向左右兩側，先不要壓線。

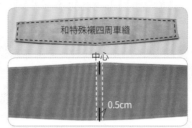

⑭ 先和特殊襯車縫，回到正面，在底中心的左右兩側壓線。裡側身袋底作法相同。

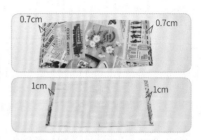

⑮ 裡袋底板固定布（B1）的左右兩側，往內燙摺縫份 1cm，回正面車縫固定縫份 0.7cm。

⑯ 再將裡袋底板固定布置中放在裡側身袋底上，疏縫上下兩側邊。

⑰ 取側口袋表、裡布正面相對，上、下端各自車縫固定。

⑱ 翻回正面，如圖記號，上面車縫兩道線，第一道距離邊 0.2cm，第二道距離第一道 1.5cm。

⑲ 裁剪鬆緊帶 11cm 長兩條，各自穿入側口袋的上部。底部依照記號打褶並疏縫。完成兩個側口袋。

⑳ 再將側口袋依照紙型標示位置，固定於側表袋身，完成兩側身袋底口袋組合。

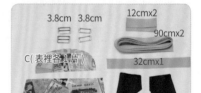

㉑ 如圖準備所需配件和材料：3.8cm 織帶裁剪 32cm1 條為提把、90cm2 條、12cm2 條。

㉒ 依照 P.13 背帶組合作法，完成背帶組合。

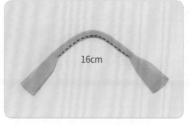

㉓ 取 32cm 織帶的中段 16cm，上下對摺，車縫固定（如圖）。

㉔ 上背帶絆布固定布上下兩側往內燙摺縫份 1cm。

㉕ 後表袋身先和特殊襯車縫,依標示位置,將提把疏縫於背帶組合上。

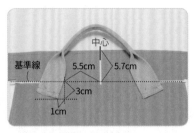

㉖ 提把位置示意圖。

㉗ 背帶組合和後表袋身正面相對,依照標示位置,疏縫上背帶絆布。

組合

㉘ 取㉔的上背帶絆布固定布,上端和基準線對齊,車縫上下兩道,再V字壓線。

㉙ 下背帶絆布依照標示位置,疏縫在後表袋身。

㉚ 依照個人需求製作裡袋身口袋,完成前、後裡袋身。

㉛ 取5V金屬拉鍊60cm,兩端拔齒後為52.5cm,套上兩個5V拉鍊頭,兩端都安裝下止,為袋口雙頭拉鍊。前表袋身和前裡袋身正面相對夾車拉鍊。

㉜ 另一側作法相同,回正面壓線,完成袋身組合。

㉝ 取⑳和⑯表、裡側身袋底組合,正面相對夾車袋身組合。回正面壓線在側袋身。

㉞ 完成的樣子。

㉟ 側身袋底和袋身正面相對,袋底中心和前後袋身底部中心對齊,四周對齊疏縫,滾邊車縫。

㊱ 滾邊條的側邊末端約留3cm,將滾邊條上側邊往下摺(如圖)。

㊲ 再將凸出的部分往內摺。

㊳ 再往下摺，可先疏縫。

㊴ 再回袋身這側，縫份 1cm 車縫固定滾邊條。

㊵ 完成組合。

㊶ 翻出回到正面。

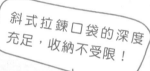

斜式拉鍊口袋的深度充足，收納不受限！

15

街頭旅人
抓褶包

巧思處處的時尚包款，特殊的窄版背帶定型抓褶的立體感，配合抓褶寬度精心設計的袋蓋尺寸，比例同樣精緻好看。

▶本包作法／P.105
▶完成尺寸／寬 39× 高 27× 厚 12.5cm
▶原尺寸大紙型／C 面

裁布表（紙型不含縫份，除特別標示外，製作時請加縫份 1cm。數字尺寸已含縫份。）單位：cm

部位	尺寸	數量	襯	數量	備註
【表袋身】					
❶ 前、後表袋身（棉麻布）	紙型 A	2	特殊襯	2	
❷ 表側身袋底（仿皮革）	紙型 B	2	特殊襯	1	★特殊襯依紙型 B 底中心摺雙剪裁
❸ 側口袋表布（仿皮革）	紙型 C	2	X		
❹ 側口袋裡布（薄防水布）	紙型 C	2	X		
❺ 袋蓋表布（仿皮革）	紙型 D	1	X		
❻ 袋蓋裡布（棉麻布）	紙型 D	1	薄襯	1	不含縫份
❼ 皮帶釦環絆布（仿皮革）	↔ 3× ↕ 18	1	X		
❽ 側口袋滾邊布（仿皮革）	↔ 18× ↕ 3	2	X		
❾ 袋口滾邊布（仿皮革）	寬 4.5× 長 105	1	X		正斜布
❿ 提把布（棉麻）	↔ 5× ↕ 68	2	厚襯 ↔ 1.3×66	4	
【裡袋身】					
❶ 裡袋身貼邊（仿皮革）	紙型 A1	2	X		
❷ 裡袋身（防潑水鋪棉布）	紙型 A2	2	X		
❸ 裡側身貼邊（仿皮革）	紙型 B1	2	特殊襯	1	★特殊襯依紙型 B 底中心摺雙剪裁
❹ 裡側身袋底（防潑水鋪棉布）	紙型 B2	2			
❺ 拉鍊口袋布（薄防水布）	↔ 19× ↕ 38	1	X		
❻ 開放口袋布 (1)（薄防水布）	↔ 17× ↕ 28	1	X		
❼ 開放口袋布 (2)（薄防水布）	↔ 15× ↕ 32	2	X		

※ 特殊襯可依個人喜好換用其他襯。

◆用布量　1.表布圖案布：棉麻布 2 尺　　3.裡布：鋪棉布 2 尺
　　　　　　　2.配布：仿皮革 2 尺　　　　4.口袋布：薄防水布 2 尺

材料 & 配件
(1) 雞眼釦（外徑 2.8cm）8 組
(2) 花型磁釦（外徑約 1.8cm）1 組
(3) 皮帶釦環約寬 5cmX 高 4.5cm 1 個
(4) 鉚釘 8mm x 6mm 8 組、8mm x8mm 5 組
(5) 3V 塑鋼拉鍊 15cm 1 條

袋身與特殊襯結合

01 將前、後表袋身分別與特殊襯車縫一圈。接著依紙型標示在前表袋身上安裝磁釦底座。

02 將2片表側身袋底正面相對車合底部，縫份倒向左右兩側，先不要壓線。

03 將裡側身貼邊下方與裡側身袋底車縫，縫份倒向袋底，先不要壓線。另一側作法相同。

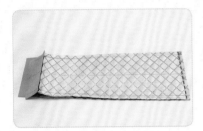

04 將兩片步驟③正面相對，車合底部，縫份倒向左右兩側，先不要壓線。

05 將步驟②與步驟④的背面分別與特殊襯車縫四周一圈。

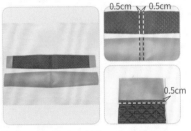

06 翻回正面，在底部中心左右各壓一道線，裡側身貼邊下方0.5cm也壓線。另一側作法相同。

製作側口袋

07 將側口袋表布、裡布正面相對，車縫袋底。

08 回正面，袋口對齊。接著取袋口滾邊布與袋口兩者正面對齊車縫。

09 將滾邊布往上翻。

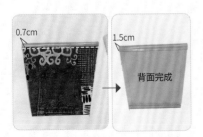

10 將滾邊布摺入側口袋背面約1.5cm，看正面車縫0.7cm右下圖為完成圖背面。

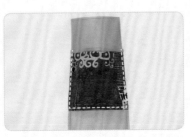

11 依紙型標示將完成的側口袋車縫固定在表側身。另一側作法相同。

製作袋蓋

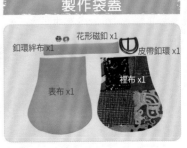

12 備好布片與配件。

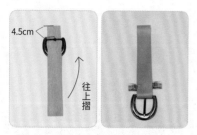

⑬ 在皮帶釦環絆布其中一端 4.5cm 處打洞，穿入皮帶釦環。將長的一段往上摺（如右圖）。

⑭ 依紙型標示位置，將⑬車縫固定在袋蓋表布上。

⑮ 將袋蓋表、裡布正面相對車縫 U 字型，弧度處修剪牙口。

⑯ 從上方翻回正面，如圖往內摺縫份 1cm。

⑰ 如圖 U 字車縫裝飾線，上方一般車縫固定。接著依紙型標示安裝磁釦。

製作提把

⑱ 將 2 片襯置中燙在提把布上 (2 片襯距離約 0.1cm)，再將四周往內燙摺 1cm。

製作裡袋身

⑲ 接著再上下對摺，車縫四周一圈，完成提把備用。

⑳ 將裡袋身貼邊與裡袋身正面相對，上方對齊後車縫一道。

㉑ 將縫份倒向貼邊，在貼邊壓線，另一側作法相同。

組合

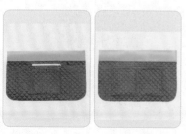

㉒ 依個人需求在裡袋身設計口袋 (建議拉鍊口袋不要超過 15cm)。

㉓ 取 1 片表袋身與步驟⑪製作好的表側身正面相對且車縫接合，弧度處修剪牙口。另一側作法相同。

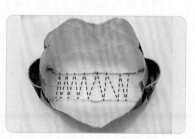

㉔ 放入底板，如圖手縫固定。

㉕ 裡袋身組合方法與表袋身相同。

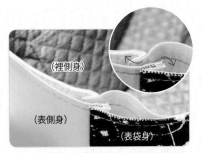

(裡側身)

(表側身)

(表袋身)

㉖ 將裡袋套入表袋內（兩者背面相對），如圖將表袋側邊的縫份倒向袋身，裡袋側邊的縫份倒向側身。另一側作法相同。

㉗ 取袋口滾邊布於袋口處完成滾邊。接著依紙型標示安裝雞眼釦。

㉘ 依紙型標示在表後袋袋口處以鉚釘固定袋蓋，再裝上提把。

(7 cm)

㉙ 如圖將提把由外往內摺入約7cm，再以鉚釘固定。

㉚ 完成。

抓褶手法不只是包身的看點，也是袋內維持空間寬敞的實用重點。

16

米蘭時尚後背包

袋蓋、插釦絆布、出芽滾邊等的巧妙
搭配,撞色玩出吸睛度百分百的挑高
型郵差包,有型有款強化個人風格。

▶本包作法/ P.111
▶完成尺寸/寬 33× 高 36× 厚 13 公分
▶原尺寸大紙型/ A 面

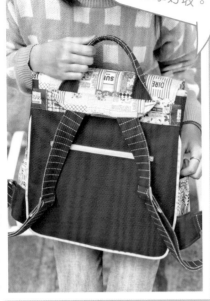

背面可放重要物品的一字拉鍊口袋，多道防護仍好拿好收。

可提可背，側口袋反手能取物，自在使用。

裁布表（紙型不含縫份，除特別標示外，製作時請加縫份 1cm。數字尺寸已含縫份。）單位：cm

部位	尺寸	數量	襯	數量	備註
【表袋身】					
❶ 前、後表袋身（防水布）	紙型 A1	2	特殊襯	2	
❷ 袋蓋表布（棉布）	紙型 A	1	特殊襯、厚襯、薄襯	各 1	★厚襯不含縫份，薄襯含縫份
❸ 袋蓋裡布（防水布）	紙型 A	1	特殊襯	1	
❹ 側表袋身（防水布）	紙型 B	2	特殊襯	1	★特殊襯以紙型 B4 底中心摺雙剪裁
❺ 表袋底（防水布）	紙型 B1	1			
❻ 側口袋表布（棉布）	紙型 B5	2	X		
❼ 側口袋裡布（薄防水布）	紙型 B5	2	X		★裡布上方縫份 2.5cm
❽ 上背帶絆布表、裡布（棉布）	紙型 C	2	厚襯	2	★厚襯不含縫份
❾ 上背帶絆布固定布（棉布）	紙型 C1	1	厚襯	1	★厚襯不含縫份
❿ 下背帶絆布左片（防水布）	紙型 C2	2	X		
⓫ 下背帶絆布右片（防水布）	紙型 C2	2	X		
⓬ 插釦環上絆布（棉布）	↔5×↕10	2	厚襯↔3×↕10	2	
⓭ 插釦環下絆布（棉布）	↔5×↕23	2	厚襯↔3×↕23	2	
⓮ 袋口滾邊布（棉布）	↔83×↕4	1	X		
⓯ 織帶裝飾布（薄棉布）	↔6.5×↕4	2	X		
⓰ 出芽滾邊布（薄棉布）	↔3.5×↕98	2	X		正斜布
⓱ 後袋身拉鍊口袋布（薄棉布）	↔26×↕40	1	薄襯↔26×↕6	1	
【裡袋身】					
❶ 前、後裡袋身（防水布）	紙型 A3	2	X		
❷ 前、後裡袋身貼邊（防水布）	紙型 A2	2	X		
❸ 裡側身袋底（防水布）	紙型 B3	2	特殊襯	1	★特殊襯以紙型 B4 底中心摺雙剪裁
❹ 裡側身貼邊（防水布）	紙型 B2	2			
❺ 袋口釦環絆布（棉布）	↔4×↕7	2	薄襯↔4×↕7	2	
❻ 拉鍊口袋布（薄防水布）	↔26×↕40	1	X		
❼ 開放口袋布（薄防水布）	↔26×↕32	1	X		
❽ iPad 口袋布（防潑水鋪棉布）	↔42×↕26	1	X		
❾ iPad 口袋絆布（防潑水鋪棉布）	↔12×↕14	1	X		

※ 特殊襯可依個人喜好換用其他襯。

◆ 用布量

1. 表布圖案布：棉布 2 尺
2. 配布：防水布 2 尺
3. 裡布：防水布 2 尺
4. 口袋布：薄防水布 2 尺、薄棉布 2 尺

材料 & 配件	(1) 日型環 3.8cm 2 個
	(2) 口型環 3.8cm 2 個
	(3) D 型環 2cm 1 個
	(4) 問號鉤 2cm 1 個
	(5) 3.8cm 織帶 8 尺

(6) 鬆緊帶 1cm 寬 / 長 24cm
(7) 魔鬼氈 2.5cm 寬 / 長 5cm
(8) 塑鋼插釦（內徑約 3.2cm)2 組
(9) 3V 塑鋼拉鍊 20cm 2 條
(10) 出芽用塑膠管（直徑 0.5cm）長 92cm 2 條

★ 本包密技 ★
①帥氣的郵差包，改以後背包的方式呈現。
②袋蓋和袋身以插釦環完美結合。

製作袋蓋

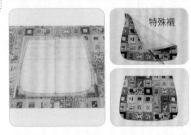

01 取袋蓋表布先燙厚布襯，再燙薄布襯，接著依紙型裁剪再與特殊襯車縫結合。

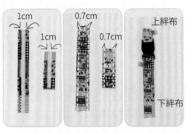

02 將插釦環上、下半絆布燙上厚襯。左右兩長邊先往中間摺燙 1cm，接著回正面車縫 0.7cm，如右圖套入插釦環。

03 取袋蓋裡布先與特殊襯車合，再將插釦環上絆布依紙型標示疏縫固定。

製作袋身

04 將袋蓋表、裡布正面相對，車縫 U 字型。

05 弧度處修剪牙口後翻回正面。沿邊車縫裝飾線，完成袋蓋。

06 將表前袋身先與特殊襯車合，接著依標示將插釦環下絆布ㄇ字車縫固定。

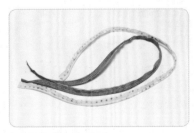

07 在表後袋身製作一字拉鍊口袋（參考 P.14），再與特殊襯車合。

08 備好兩條出芽條（參考 P.129 步驟⑥～⑦）。

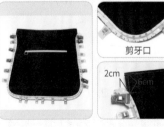

09 取出芽條疏縫在表後袋身。在兩側袋角弧度處修剪牙口，如圖於袋口側邊下約 6cm 處將出芽條往外側拉約 2cm，四側都相同。

⑩ 依相同作法製作前表袋身。

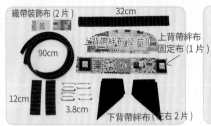

織帶裝飾布 (2片)　32cm

上背帶絆布 (2片)　上背帶絆布固定布 (1片)

90cm

12cm

3.8cm

下背帶絆布 (左右2片)

⑪ 如圖備好配件與材料：其中3.8cm 織帶 32cm1 條、90cm2 條、12cm2 條。

16cm

⑫ 將⑪ 的 32cm 織帶，取中段16cm 上下對摺並車縫固定，完成提把。

⑬ 依照第 13 頁的背帶組合作法，製作背帶組合。

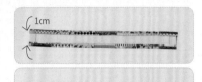

1cm

⑭ 將上背帶絆布固定布先燙厚布襯，接著將上下兩長邊往內燙摺縫份 1cm。

⑮ 依紙型標示位置先將袋蓋疏縫在表後袋身上，再疏縫固定提把。

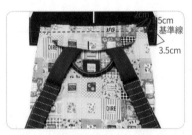

2cm　1.5cm 基準線

3.5cm

⑯ 將背帶組合與表後袋身正面相對，⑮⑯⑰ 相對位置，作法參考 P.101 ㉕～㉗。

5cm

5cm

3.5cm

⑰ 將⑭ 做好的上背帶絆布固定布，車縫上下兩道在表後袋身上，接著以 V 字壓線固定。

⑱ 將下背帶絆布依紙型標示位置，疏縫固定在表後袋身兩側。

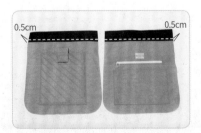

0.5cm　　　　　0.5cm

⑲ 將裡袋身貼邊與袋身正面相對車縫。縫份倒向貼邊，沿邊壓線。再依個人需求製作裡袋身口袋，完成前、後裡袋身。

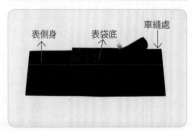

表側身　表袋底　車縫處

⑳ 將表袋底左右兩側分別與表側袋身正面相對並車縫，縫份倒向袋底，先不要壓線。

表側身袋底

裡側身袋底

0.5cm

㉑ 將裡側身貼邊與裡側身袋底兩者正面相對並車縫，縫份倒向側袋身，沿邊壓線。接著把 2 片裡側袋身正面相對，車縫底中心，縫份倒向兩側。

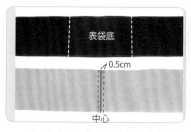

再將表、裡側身袋底各自與特殊襯車合，依標示位置壓線。

將側口袋表、裡布正面相對，依照 P.11 百搭側口袋作法，完成側口袋。

依紙型標示將側口袋ㄩ字車縫在側袋身上，完成側袋身。

組合

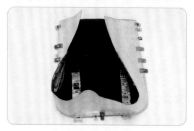

取前表袋身和表側身袋底兩者正面相對，車縫接合，在側身袋底弧度處可先剪牙口。

後表袋身作法相同。

裡袋組合作法同表袋。

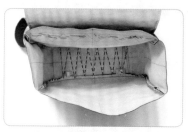

將表袋身翻回正面，放入底板後如圖手縫固定。

將裡袋身套入表袋身內，兩者背面相對，留意側邊車縫處的縫份要相互錯開以減少厚度，如同 P.107 ㉖ 的作法，疏縫一圈固定。

依照 ❷ 作法，完成袋口釦環絆布，再如圖套入 D 型環與問號鉤底部疏縫，完成袋口釦環。

將袋口釦環分別置中疏縫在前、後表袋身的袋口處。

參考 P.10 將袋口進行滾邊。

完成。

17

英國風
雙拉鍊郵差包

經典款的郵差包人氣不墜，充足
的容量放 A4 文件或筆電都綽綽
有餘，從斜背進化成後背樣式，
讓人天天都想背出門。

▶本包作法／P.116
▶完成尺寸／寬 39× 高 29× 厚 13cm
▶原尺寸大紙型／D 面

裁布表（紙型不含縫份，除特別標示外，製作時請加縫份 1cm。數字尺寸已含縫份。）單位：cm

部位	尺寸	數量	襯	數量	備註
【表袋身】					
❶ 左袋蓋表布（棉麻布）	紙型 C1	1	厚襯、薄襯	各 1	★厚襯不含縫份，薄襯含縫份
❷ 中袋蓋表布（棉麻布）	紙型 C2	1	厚襯、薄襯	各 1	★厚襯不含縫份，薄襯已含縫份
❸ 右袋蓋表布（棉麻布）	紙型 C3	1	厚襯、薄襯	各 1	★厚襯不含縫份，薄襯已含縫份
❹ 袋蓋裡布（防水布）	紙型 C4	1	特殊襯	1	
❺ 袋蓋拉鍊上擋布（棉麻布）	↔ 3.2× ↕ 17	2	薄襯 ↔ 3.2× ↕ 17	2	
❻ 袋蓋拉鍊下擋布（棉麻布）	↔ 3.2× ↕ 5	2	薄襯 ↔ 3.2× ↕ 5	2	
❼ 袋蓋拉鍊上口袋布（薄防水布）	↔ 23× ↕ 27	1	X		
❽ 袋蓋拉鍊下口袋布（薄防水布）	↔ 26.5× ↕ 27	1	X		
❾ 前表袋身（防水布）	紙型 A	1	特殊襯	1	
❿ 後表袋身（棉麻布）	紙型 A	1	特殊襯、厚襯、薄襯	各 1	★厚襯不含縫份，薄襯已含縫份
⓫ 表側身袋底	紙型 B	2	特殊襯	1	★特殊襯以紙型 B 底中心摺雙剪裁
⓬ 提把固定布（防水布）	紙型 A1	1	X		
⓭ 側袋身掛耳固定布（棉麻布）	紙型 B1	2	薄襯	2	
⓮ 袋口拉鍊口布（表：棉麻布）	↔ 5× ↕ 31	2	薄襯 ↔ 5× ↕ 31	2	
⓯ 袋口拉鍊口布（裡：防水布）	↔ 5× ↕ 31	2	X		
⓰ 袋口滾邊布（棉麻布）	↔ 82× ↕ 4.5	1	X		
⓱ 後表袋拉鍊口袋布（薄防水布）	↔ 29× ↕ 40	1	X		
⓲ 前表袋開放口袋表布（棉麻布）	↔ 18× ↕ 19	1	薄襯 ↔ 18× ↕ 19	1	
⓳ 前表袋開放口袋裡布（防水布）	↔ 18× ↕ 19	1	X		
【裡袋身】					
❶ 前、後裡袋身（防潑水鋪棉布）	紙型 A	2	X		
❷ 裡側身袋底（防潑水鋪棉布）	紙型 B	2	特殊襯	1	★特殊襯以紙型 B 底中心摺雙剪裁
❸ 拉鍊口袋布（薄防水布）	↔ 29× ↕ 40	1	X		
❹ 開放口袋布（防潑水鋪棉布）	↔ 30× ↕ 32	1	X		
❺ iPad 口袋布（防潑水鋪棉布）	↔ 30× ↕ 34	1	X		
❻ iPad 口袋絆布（防潑水鋪棉布）	↔ 12× ↕ 14	1	X		

※ 特殊襯可依個人喜好換用其他襯。

◆用布量

1. 表布圖案布：棉麻布 2 尺
2. 配布：防水布 2 尺
3. 裡布：防潑水鋪棉布 2 尺
4. 口袋布：薄防水布 2 尺

材料 & 配件

(1) 日型環 3.8cm2 個
(2) 問號鉤 3.8cm4 個
(3) D 型環 3.2cm1 個、2.5cm 2 個
(4) 三角環 3.2cm2 個
(5) 磁釦組 1.8cm 2 組
(6) 織帶 3.8cm 7 尺、3.2cm 27cm、2.5cm 14cm
(7) 5V 金屬拉鍊 28cm 2 條、5V 金屬拉鍊頭 2 個
(8) 3V 塑鋼拉鍊 45cm1 條、25cm 2 條

★ 本包密技 ★　袋蓋金屬雙拉鍊設計，帥氣又實用。左右逢源、不管是左撇子還是右撇子，都能輕鬆拿取物品，方便又迅速。

How To Make

燙襯處理	製作配件

拉鍊口布
上拉鍊擋布
下拉鍊擋布
掛耳固定布

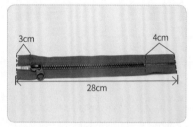

3cm　4cm
28cm

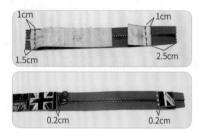

1cm　1cm
1.5cm　2.5cm
0.2cm　0.2cm

01 將袋口拉鍊口布、袋蓋上下拉鍊擋布、側袋身掛耳固定布燙上薄襯。(註：若使用防水布可不必燙襯。)

02 取 5V 金屬拉鍊 28cm，將兩端拔齒後長 21cm，接著套上拉鍊頭，在兩端安裝上止與下止。

03 將拉鍊上、下擋布與拉鍊正面相對並車縫。接著翻回正面，在拉鍊擋布上壓線，共完成 2 條。

3.2cm　3.2cm　2.5cm
側袋身掛耳　後表袋上掛耳　後表袋下掛耳

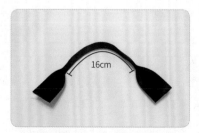

16cm

1cm
裡布
表布
1cm

04 取 3.2cm 織帶，裁剪 3 段 9cm 長分別套入三角釦環與 D 型環備用。接著取 2.5cm 織帶裁剪 2 段 7cm 長，套入 D 型環備用。

05 裁剪 3.8cm 織帶 32cm 長 1 條，取中段 16cm 對摺並車縫，完成提把。

06 先將拉鍊口布表、裡布的一端往背面摺 1cm，若用棉布可先燙不含縫份的厚布襯。

⑦ 拉鍊頭的布往背面斜摺三角形疏縫固定，尾端車縫拉鍊擋布（參考 P.9）。

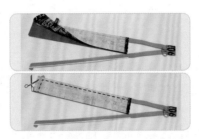

⑧ 拉鍊口布表、裡布正面相對夾車拉鍊，拉鍊頭的轉角處修剪縫份。

⑨ 翻回正面，表裡布邊對齊，0.2cm 車縫壓線一圈。

製作袋蓋

⑩ 將左、中、右袋蓋表布分別先燙上厚布襯，再燙薄布襯。接著將⑬製作的金屬拉鍊正反面兩側，貼上布用雙面膠。

⑪ 將⑩的金屬拉鍊與中袋蓋表布正面相對，兩者右側對齊貼合。

縫份
1cm

上口袋布（背）

⑫ 取袋蓋拉鍊上口袋布與⑪正面相對，右側對齊並夾車拉鍊。

⑬ 將上口袋布翻開，接著取另一條金屬拉鍊，如圖正面朝下與中袋蓋表布左側對齊貼合。

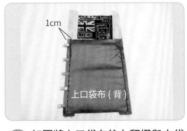

1cm

上口袋布（背）

⑭ 如圖將上口袋布往左翻摺與中袋蓋表布正面相對，夾車左側拉鍊。

⑮ 翻回正面，整理好並壓線。

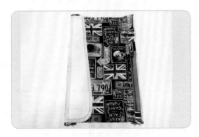

⑯ 將左、右袋蓋表布各自與步驟⑮的左、右兩側正面相對貼合。

下口袋布（背）

⑰ 翻到背面，取袋蓋拉鍊下口袋布正面朝下疊合擺放，夾車兩側拉鍊。

⑱ 翻回正面壓線。並於兩個拉鍊頭中間車縫一道線（防止物品掉出）。

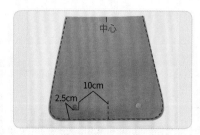

⑲ 將袋蓋裡布先與特殊襯車縫,接著依紙型標示安裝磁釦公釦。

⑳ 將袋蓋表、裡布正面相對,車縫U字型固定。

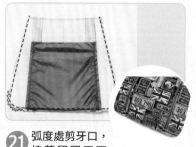

㉑ 弧度處剪牙口,接著翻回正面,沿邊0.5cmU字壓線。

製作側袋身

㉒ 取2片表側身袋底正面相對且車縫底部,縫份倒向左右兩側,再與特殊襯車縫四周,回正面在底部中心兩側壓線。裡側身袋底作法相同。

㉓ 將側袋身掛耳固定布上下兩長邊先往中間燙摺1cm。

㉔ 先疏縫三角釦環側身掛耳,接著依紙型標示再蓋上掛耳固定布車縫上、下兩長邊,可如圖交叉車縫增強牢固性。

製作袋身

㉕ 將前表袋身先與特殊襯車縫,接著依標示安裝磁釦母釦,車縫開放口袋。

㉖ 將表後袋先燙上厚布襯,再燙薄布襯。依紙型標示製作一字拉鍊口袋,再與特殊襯車縫四周,接著再依標示車縫後表袋下掛耳。

㉗ 依紙型標示將袋蓋、表後袋上掛耳與提把疏縫在表後袋身上。

㉘ 取提把固定布一邊先往中間摺1cm,翻回正面長車縫0.7cm固定。接著再將提把固定布另一長邊依標示位置車縫固定。

㉙ 將提把固定布往下翻摺到記號位置並車縫固定,如圖再以V字壓線。完成後表袋身+袋蓋+提把的組合。

㉚ 依個人需求設計製作裡袋身。

組合

31 將表側身袋底與前表袋身正面相對並車縫，側袋身袋底弧度處可先剪牙口。表袋另一側和裡袋身作法相同，完成表、裡袋身。

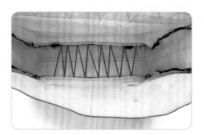

32 翻回正面，將底板放入底部手縫固定。

33 將裡袋身套入表袋身內，兩者背面相對，側邊縫份要相互錯開，同 P.107 步驟㉖作法。

34 拉鍊口布置中對齊袋口，先疏縫固定。

35 將袋口滾邊完成。

36 製作兩條斜背帶，可以斜背也可以後背。

37 完成。

袋身背面還有大開口的一字拉鍊口袋，安心收納重要物件。

後背帶變身斜背帶，或步行、或騎車，配合每天不同的使用心情隨意調整。

左右對稱的直向拉鍊設計，不管左手、右手，單手一拉超滑順取物更方便。

摩登女王兩用包

18

布料採用整片圖案或拼接圖案都亮眼的袋身形式,提把及側身的局部撞色創意,除了視覺效果外,更是變化背法的核心設計。

▶本包作法／P.123
▶完成尺寸／寬 36× 高 33× 厚 11cm（不含提把）
▶原尺寸大紙型／C 面

斜背背出文青風，穿梭書店、市集都散發著品味十足的自信。

手提秒變淑女，好握的摺疊提把，優雅氣質立顯。

拼接袋身的中央區塊，是融為一體的貼式口袋，剛好做為手機的家。

裁布表（紙型不含縫份，除特別標示外，製作時布和襯請加縫份 1cm，數字尺寸已含縫份。）單位：cm

部位	尺寸	數量	襯	數量	備註
【表袋身】					
❶ 前表袋身（棉麻）	紙型 A	1	厚布襯（紙型 A)	1	★特殊襯 （紙型 A1)2 片 ★剪裁右後袋身 片時，紙型 A2 要左右相反
❷ 左後表袋身（棉麻） 中後表袋身（棉麻） 右後表袋身（棉麻）	紙型 A2 紙型 A3 紙型 A2	1 1 1	厚布襯（紙型 A2) 厚布襯（紙型 A3) 厚布襯（紙型 A2)	1 1 1	
❸ 中後表袋身 　　下口袋布（防水布） 　　上口袋布（防水布）	 紙型 A4 紙型 A5	 1 1	 X X		
❹ 提把布（防水布）	→7×↑32	4	X		
❺ 表袋側身釦環布（防水布）	→4.5×↑23	2	X		
❻ 後表袋口袋旁裝飾帶（防水布）	→2.8×↑38	2	X		
❼ 皮標墊布（防水布）	→8.5×↑6.5	1	X		
【裡袋身】					
❶ 裡袋身貼邊（防水布）	紙型 B	2	X		
❷ 裡袋身（防水布）	紙型 B1	2	X		
❸ 拉鍊口袋布（防水布）	→26×↑38	1	X		
❹ 開放口袋布（防水布） 　　　　　　（棉麻）	→27×↑17 →27×↑17	1 1	X 薄布襯	1	
❺ 水壺絆帶（防水布） 　　　　　（棉麻）	→28×↑7 →28×↑7	1 1	X 薄布襯	1	

※ 特殊襯可依個人喜好換用其他襯。

◆ 用布量

1. 表布（棉麻圖案布）：3 尺　　　3. 裡布（防水布）：2 尺
2. 配布（肯尼防水布）：2 尺　　　4. 口袋布（薄防水布）：2 尺

材料 & 配件

(1) 扭鎖約寬 6cm 高 4.5cm1 個
(2) 皮標寬 5.8cm 高 3cm1 組
(3) D 型環 2.5cm2 個、大耳問號鉤 3.2cm2 個
(4) 鉚釘 8mm×6mm16 組、8mm×8mm6 組；雞眼釦外徑（2.8cm)2 組
(5) 3V 塑鋼拉鍊 20cm1 條
(6) 魔鬼氈寬 2.5cm 長 5cm1 片

★ 本包密技 ★

①巧妙運用冰冷的金屬配件（鉚釘、釦環、雞眼釦…等），賦予手作包熱情的生命。
②提把和直角打底的獨特設計。
③袋身切接後，如何變身口袋。

製作表袋身

01 裁剪左 (A2)、中 (A3)、右 (與 A2 左右相反) 後表袋身 3 片，先燙厚布襯。

02 取上口袋布 (A5) 與中後表袋身 (A3)，上方對齊車縫。

03 弧度處剪牙口。

04 回到正面，沿著邊 0.5cm 車縫裝飾線。按照紙型標示位置，背面再與下口袋布 (A4) 的正面相對。

05 將中後表袋 (A3) 往上翻，U 字車縫口袋布，中袋身再回到正面。

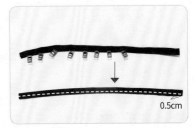

06 後表袋口袋旁裝飾帶如圖對摺，疏縫。

07 接著將裝飾帶與中後表袋口袋組合的側邊疏縫固定。

08 取右後表袋與 ⓞ7 的口袋組合正面相對，對齊側邊並車縫固定，縫份倒向右袋身。

09 回到正面，沿著接合處 0.3cm，在右袋身車縫裝飾線。左側作法相同。

10 再與特殊襯 A1 四周車縫接合，完成後表袋身。

11 前表袋身也與特殊襯 A1 車縫接合。

★注意：特殊襯紙型是 A1，兩側袋角特殊處理以減少厚度。

12 先將皮標墊布四周往背面摺 1cm，再按照紙型標示的位置，車縫在前表袋身上面。完成前表袋身。

⑬ 將兩片前、後表袋身正面相對車縫底部。縫份倒向左右兩側。

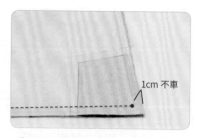

1cm 不車

⑭ 如圖從記號點開始車縫，1cm縫份不車。

4cm

⑮ 回到正面，沿著接合處0.5cm左右分別壓線，從距離側邊4cm處開始車縫。

⑯ 前、後表袋身再次正面相對車縫兩側邊，底部只車縫到記號點，縫份不車。如圖剪去袋角縫份。

⑰ 翻出回到正面，兩側袋角熨燙平整，完成表袋。

製作裡袋身

⑱ 裡袋身依據個人需求製作萬用絆帶、拉鍊口袋和開放口袋。

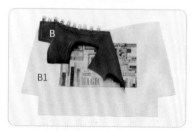

B
B1

⑲ 裡袋身貼邊 (B) 和裡袋身 (B1) 正面相對車合。

⑳ 弧度處剪牙口，縫份倒向貼邊。

㉑ 回到正面沿著接合處 0.5cm，在貼邊車縫裝飾線。

㉒ 另一側的裡袋身作法相同。

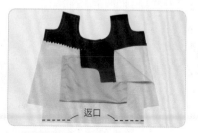

返口

㉓ 將兩片前、後裡袋身正面相對車縫底部，中段預留返口。縫份倒向左右兩側。

0.5cm

㉔ 回到正面，在接合處兩側分別壓線。

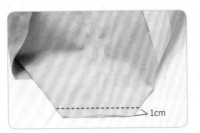

㉕ 前、後裡袋身再次正面相對，車縫兩側邊。

㉖ 完成裡袋身。

㉗ 將兩片提把布正面相對。

㉘ 上下長邊各自疏縫。

㉙ 用縫份骨筆壓出縫份線。

㉚ 從兩端將車縫線拆掉，中段留 6cm 不拆，線頭如圖打兩個死結，再翻回到正面備用。

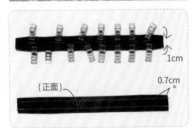

㉛ 取釦環布背面，長邊的部分往中間摺入 1cm。回到正面在兩側邊壓線。

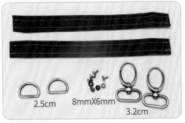

㉜ 除了釦環布，再準備需要的配件：D型環、鉚釘、大耳問號鉤。

㉝ 釦環布各自套入 D 型環、問號鉤，摺入 3.5cm 後車縫固定。

㉞ 將⑰的表袋套入㉖裡袋內，兩者正面相對。

㉟ 將袋口對齊車縫固定，袋口上方 6cm 不要車縫。在弧度處剪牙口。

㊱ 從返口翻出回到正面，與㉚提把車縫。提把的裡布和裡袋身貼邊正面相對車縫，縫份倒向貼邊。

③⑦ 提把的表布和表袋口正面相對車縫接合，縫份倒向提把。

③⑧ 將縫份摺入，以工字縫縫合。

③⑨ 再如圖壓縫 0.2cm 裝飾線。

④⓪ 將提把往內對摺。

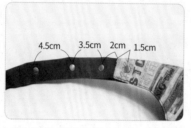

④① 如圖標示位置以 8mm×6mm 鉚釘固定。

④② 另一側提把作法相同。

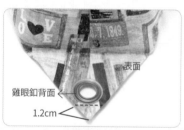

④③ 在兩側袋角安裝外徑 2.8cm 雞眼釦。★雞眼釦的正面在底部★。

④④ 釦環裝飾布的問號鉤先套入雞眼釦，D 型環以 8mm×8mm 鉚釘固定在側袋口。

④⑤ 安裝皮標。

④⑥ 安裝扭鎖。

④⑦ 從返口放入底板，再縫合返口。

④⑧ 完成。

19

新文青咖
三用肩背提包

各處細節配件都是手工自製，創造獨一無二的精緻感，唯有親手製作才能擁有無可取代的專屬風格。

▶ 本包作法／P.116
▶ 完成尺寸／寬 35× 高 33× 厚 11cm
▶ 原尺寸大紙型／D 面

裁布表（紙型不含縫份，除特別標示外，製作時請加縫份 1cm。數字尺寸已含縫份。）單位：cm

部位	尺寸	數量	襯	數量	備註
【表袋身】					
❶ 前後表袋身（防潑水鋪棉布）	紙型 A	2	特殊襯	2	
❷ 側表袋身（防潑水鋪棉布）	紙型 B	2	特殊襯 1 片 ★特殊襯依紙型 B4 底中心摺雙		
❸ 表袋底（仿皮革）	紙型 B1（底中心摺雙剪裁）	1			
❹ 後表袋拉鍊口袋配布（仿皮革）	紙型 C	1	X		
❺ 表袋身側袋角配布(仿皮革)	紙型 D	左 2 右 2	X		
❻ 出芽布條（仿皮革）	↔ 3.4× ↕ 90	2	X		★正斜布
❼ 袋口釦環帶上片（仿皮革）	↔ 3.2× ↕ 26	1	X		
❽ 袋口釦環帶下片（仿皮革）	↔ 6.5× ↕ 23.5	2	特殊襯 (1) ↔ 5.3× ↕ 22.5 (2) ↔ 3× ↕ 3	1 1	
❾ 磁釦底座（仿皮革）	↔ 5.5× ↕ 4.5	2	特殊襯 (3) ↔ 4.3× ↕ 3.3	2	
❿ 後表袋拉鍊口袋布（薄防水布）	↔ 19× ↕ 38	1	X		
⓫ 提把表布（仿皮革） 裡布（薄棉布）	↔ 6× ↕ 48 ↔ 6× ↕ 48	2 2	X (4) 厚布襯↔ 3.5× ↕ 46 (5) 薄布襯↔ 6× ↕ 48	2 2	
⓬ 側袋身掛耳	紙型 E	2	特殊襯	2	
【裡袋身】					
❶ 前後裡袋身貼邊（防潑水鋪棉布）	紙型 A1	2	X		
❷ 前後裡袋身（防水布）	紙型 A2	2	X		
❸ 裡側身貼邊(防潑水鋪棉布)	紙型 B2	2	特殊襯 1 片 ★特殊襯依紙型 B4 底中心折雙		
❹ 裡側身袋底（防水布）	紙型 B3	2			
❺ 拉鍊口袋布（防水布）	↔ 26× ↕ 38	1			
❻ 開放口袋布（防水布）	↔ 26× ↕ 32	2	X		

※ 特殊襯可依個人喜好換用其他襯。

◆ 用布量
1. 表布圖案布：防潑水鋪棉布 幅寬 150cm 2 尺
2. 配布：仿皮革 2 尺
3. 裡布：防水布 2 尺
4. 口袋布：薄防水布 2 尺

袋口
釦環帶
配件

(1) 1.8cm 磁釦組 1 組
(2) 鉚釘 8mm×6mm 1 組
(3) 皮帶釦環 (約寬度 4.5cm／高度 3.8cm／內部寬約 3.5cm)1 個
★ (如皮帶釦環尺寸不同,袋口釦環帶上、下片的尺寸,需根據皮帶釦環尺寸略作調整。)

材料
&
配件

(1) 雞眼釦 (外徑 3.4cm) 4 組
(2) 問號鉤 3.8cm 2 個
(3) 日型環 3.8cm 1 個
(4) D 型環 2.5cm 2 個
(5) 鉚釘 8mm×8mm 7 組

(6) 直徑 0.9cm 童軍繩 56cm 1 條
(7) 3.8cm 織帶 4 尺
(8) 直徑 0.5cm 出芽塑膠管 84cm 2 條
(9) 3V 塑鋼拉鍊 15cm、20cm 各 1 條

★ 本包密技 ★

① 學會如何製作有特色的專屬配件,例如:提把、釦環帶、
掛耳…等,提升包包整體美感以及展現個人風格。
② 拉鍊裝飾布的製作流程。
③ 出芽條的製作以及車縫。

製作配件

(一) 提把製作

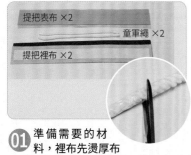

提把表布 ×2
童軍繩 ×2
提把裡布 ×2

01 準備需要的材料,裡布先燙厚布襯,再燙薄布襯。取童軍繩 56cm 對裁成兩條。在裁剪部位用膠帶繞一圈黏住後再剪斷,才不會鬚開。

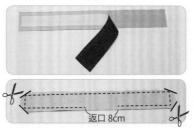

返口 8cm

02 將提把表裡布正面相對,四周車縫一圈,任一側的中段留返口,四側的直角,如圖將多餘的縫份剪去,約留 0.3cm。

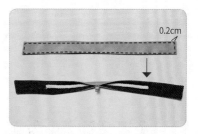

0.2cm

03 翻出回到正面,四周車縫固定。再將童軍繩置中放在提把的背面用強力夾固定。

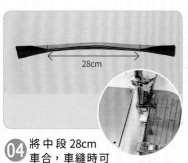

28cm

04 將中段 28cm 車合,車縫時可換皮革半邊壓腳,用潤滑筆塗抹車縫部位以利仿皮革車縫。

05 完成提把備用。如圖將提把左右併攏,用夾子固定,有利於塑型。

(二) 出芽條製作

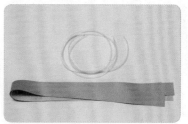

06 裁剪需要的出芽布和出芽塑膠條,各 2 條。

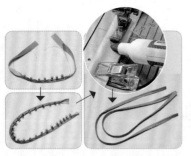

07 塑膠條置中用出芽布包住，用強力夾固定，換出芽壓布腳，縫份 1cm 疏縫，製作兩條。

（三）釦環帶組合製作：磁釦底座＋釦環帶

08 準備磁釦底座的材料：仿皮革 2 片、(3) 特殊襯 2 片、磁釦母釦、墊片。

背面

09 先將磁釦墊片置中放在仿皮革和特殊襯上，各自做插入記號，再用剪刀剪出小洞。

10 如圖示將磁釦母釦從正面插入背面，套入 (3) 特殊襯 2 片和墊片，將兩個插頭往外摺好固定。

11 再疊放另一片磁釦底座仿皮革。兩片背面相對。

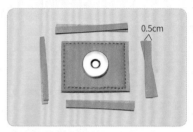

0.5cm

12 回正面四周縫份 0.7cm 車縫一圈，四周再裁去縫份 0.5cm 完成磁釦底座。

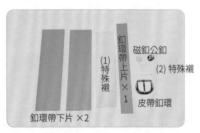

釦環帶上片 ×1
磁釦公釦
(1) 特殊襯
(2) 特殊襯
皮帶釦環
釦環帶下片 ×2

13 準備袋口釦環帶的材料和配件。

2.5cm

14 將 (1) 特殊襯置中放在釦環帶下片的背面，依標示位置，按照步驟⑨～⑩的作法固定好磁釦公釦。

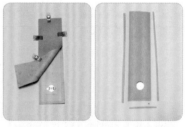

15 取另一片釦環帶下片背面相對，重疊擺放四周對齊，接著如右圖在這一面 U 字縫份 0.7cm 車縫固定，再 U 字裁去 0.5cm。

（四）側袋身掛耳製作

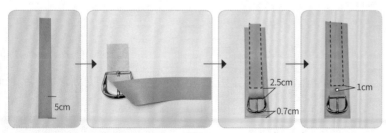

5cm

2.5cm

0.7cm

1cm

16 將釦環帶上片依標示位置打一個洞，穿入皮帶釦釦環後左右置中，疊放在完成的釦環帶下片上，依標示線 U 字車合，再用 8mm×6mm 鉚釘固定，完成釦環帶。上方多餘的部分裁掉。

17 準備側袋身掛耳 2 片，特殊襯依照紙型 E 四周縫份少 0.2cm 剪裁。

製作前、後袋身

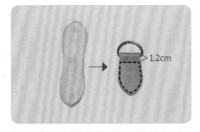

(18) 如圖左將特殊襯用「裁縫上手膠」黏在掛耳背面，再穿入 2.5cmD 型環，接著按照記號線車縫固定，完成側袋身掛耳。

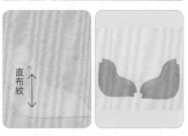

(19) 裁剪袋角配布時，留意上下的方向順著直布紋剪裁(如圖左)，左右側各兩片。

(20) 取拉鍊口袋布依紙型標示位置，和後表袋身正面相對，製作一字拉鍊口袋 (參考 P.14)。

(21) 先將拉鍊車縫固定在洞口，再將口袋配布 (C) 以布用雙面膠黏合在紙型標示位置。口袋布先不要往上摺。

(22) 先車縫拉鍊四周，依標示再車縫下方弧度部分，前後不回針縫，但要留線頭。

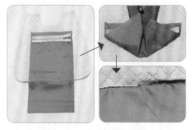

(23) 翻到背面，將口袋布往上拉，將線頭從表布和口袋布的中間穿出(如右下圖)，打兩個死結固定。

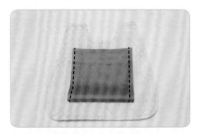

(24) 將口袋布往上摺，口袋布對齊口袋上方，車合左右，不要車到表袋身。

(25) 回正面，依標示車縫拉鍊口袋配布，前後不回針縫，但要留線頭 (作法同❷右下圖)，再與特殊襯四周車合。

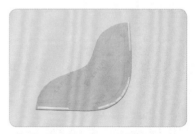

(26) 袋角配布在縫份部位先黏上布用雙面膠。

(27) 按照紙型標示位置車合兩側袋角配布。

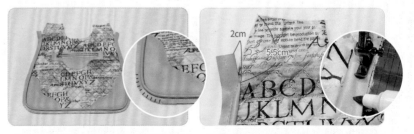

(28) 將出芽條 U 字疏縫在後表袋身上，在兩側袋角弧度的出芽條剪牙口，出芽條在袋口側邊下約 5.5cm 處，往外側拉約 2cm，四側都相同。車縫時注意事項同步驟❼出芽條製作。

㉙ 前表袋身先和特殊襯四周車合，再依步驟㉗～㉘車縫袋角配布和出芽條，按照型標示位置，安裝磁釦底座，用 8mmX8mm 鉚釘固定。

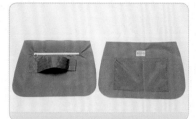

㉚ 依據個人需求製作萬用絆帶、拉鍊口袋和開放口袋。

㉛ 裡袋貼邊 (A1) 的下方和裡袋身 (A2) 的上方對齊車合，縫份倒向貼邊。

製作側帶身

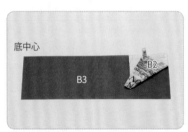

㉜ 回到正面，沿著接合處在貼邊車縫裝飾線，完成裡袋身。

㉝ 表袋底 (B1) 的一側和側表袋身 (B) 下方對齊車縫接合。

㉞ 另一側作法相同，縫份倒向袋底，先不要壓線。

㉟ 裡側身貼邊 (B2) 的下方和裡側身袋底 (B3) 的上方對齊車合，縫份倒向側袋身，先不要壓線。

㊱ 再將 2 片裡側身袋底正面相對，車合底中心，縫份倒向兩側，先不要壓線。

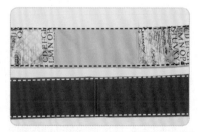

㊲ 表、裡側身袋底各別與特殊襯四周車合。

㊳ 側表袋身在表袋底壓線。車縫鋪棉布時，可換鋪棉壓腳更好車縫。

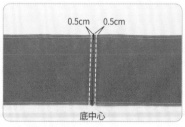

㊴ 在裡側身袋底上壓線。

㊵ 裡側身袋底在距離底部中心左右兩側各壓一道線。

組合

④1 完成表、裡側身袋底。

④2 將裡袋身和裡側身袋底正面相對，在側袋身弧度處剪牙口，車縫接合。

④3 另一側作法相同，在底部預留20cm。

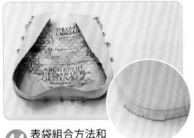
④4 表袋組合方法和步驟④2相同。

④5 表袋翻回正面，套入裡袋，兩者正面相對。

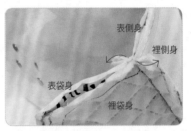
④6 袋口側袋身和袋身接合處，縫份要互相錯開以減少厚度（同P.107 步驟㉖作法）。

表側身
裡側身
表袋身
裡袋身

安裝配件

④7 袋口車縫一圈，在弧度處剪牙口。在直角部位修剪縫份。

④8 由返口翻回表面，可以用橡皮槌敲打略有厚度的地方，沿袋口 0.5cm 壓線一圈。

④9 按照紙型標示位置，用雞眼釦墊片在提把末端做記號，將中間的部分剪掉。

⑤0 再將提把放在袋口標示位置做雞眼釦的記號，可用布用雙面膠在袋口標示提把的位置。

如米字
向外剪開 0.2cm

⑤1 剪去雞眼釦記號中間的布，如圖示記號將洞口剪開，讓雞眼釦更容易穿入。

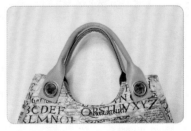
⑤2 雞眼釦套入提把和表布，再套入墊片以工具壓合。

釦釘固定

53 釦環帶置中在後表袋口如圖示位置，以 8mm×8mm 釦釘固定。

54 掛耳以 8mm×8mm 釦釘固定在側袋身。

55 製作可調式背帶 (參考 P.15)，完成。

學會自製釦帶的實用技巧，讓手作包配件質感升級。

仿皮革恰到好處的局部裝飾，烘托出圖案布的特色，精緻感倍增。

結合皮片裝飾，一字拉鍊口袋也能成為外觀的一大特色。

20

都市遊俠型男出差包

多夾層、多口袋的機能設計，可提、可背，還能與行李箱拉桿組合，是上班、出差都好用的萬能包款。

▶本包作法／P.137
▶完成尺寸／寬 36× 高 29× 厚 13cm
▶原尺寸大紙型／D 面

裁布表（紙型不含縫份，除特別標示外，製作時請加縫份 1cm。數字尺寸已含縫份。）單位：cm

部位	尺寸	數量	襯	數量	備註
【表袋身】					
❶ 前表袋身（防水布）	紙型 A	1	特殊襯	1	
❷ 前表袋口袋袋蓋 （表：圖案防水布） （裡：薄防水布）	紙型 C	表 1 裡 1	特殊襯 X	1	★特殊襯以紙型 C1 剪裁
❸ 前表袋口袋袋身 （表：圖案防水布） （裡：薄防水布）	紙型 C2	表 1 裡 1	特殊襯 X	1	★特殊襯以紙型 C3 剪裁
❹ 前表袋口袋內筆插 （表：肯尼防水布） （裡：薄防水布）	↔16× ↕ 12 ↔16× ↕ 12	表 1 裡 1	X X		
❺ 前表袋口袋內開放口袋布 （表：肯尼防水布） （裡：薄防水布）	↔14× ↕ 15 ↔14× ↕ 15	表 1 裡 1	X X		
❻ 上後表袋身（防水布）A1 中後表袋身（防水布）A2 下後表袋身（防水布）A3	紙型 A1 紙型 A2 紙型 A3	1 1 1	特殊襯	1	★特殊襯以紙型 A 剪裁
❼ 後表袋拉鍊上口袋布 後表袋拉鍊下口袋布 （薄防水布）	紙型 A2 紙型 A4	1 1	X X		
❽ 上側表袋身（圖案防水布）	紙型 B	2	特殊襯	2	
❾ 下側表袋身（防水布）	紙型 B1	2	特殊襯	1	★特殊襯以紙型 B3 底中心摺雙剪裁
❿ 表袋底（圖案防水布）	紙型 B2 底中心摺雙剪裁	1			
⓫ 表側口袋（圖案防水布） （表：圖案防水布） （裡：薄防水布）	紙型 B4	表 2 裡 2	X		
⓬ 側口袋裝飾布 （薄防水布）	↔20× ↕ 3	2	X		
⓭ 後表袋拉鍊擋布	↔8× ↕ 2.6	4	×		
【裡袋身】					
❶ 前，後裡袋身（防水布）	紙型 A	2	X		
❷ 上側裡袋身（防水布）	紙型 B	2	X		
❸ 裡側身袋底（防水布）	紙型 B3	2	特殊襯	1	★特殊襯以紙型 B3 底中心摺雙剪裁
❹ 拉鍊口袋布（薄防水布）	↔29× ↕ 40	1	X		
❺ 立體開放口袋布表布 裡布（薄防水布）	↔60× ↕ 15 ↔60× ↕ 14	1 1	X		
❻ iPad 口袋布（防水布）	↔29× ↕ 32	1	X		
❼ iPad 口袋絆布（防潑水鋪棉布）	↔12× ↕ 14	1	X		

※ 特殊襯可依個人喜好換用其他襯。

◆用布量

1. 表布圖案布：圖案防水布 2 尺　　3. 裡布：肯尼防水布 2 尺
2. 配布：防水布 2 尺　　　　　　　4. 口袋布：薄防水布 2 尺

材料 & 配件

(1) 掛耳片↔4×↕10cm 2片
(2) 皮包釦組↔2×↕10cm 2組
(3) 皮提把38cm 長 1組
(4) 日型環3.8cm 1個、
　　口型環3.8cm 2個
(5) 3V 塑鋼拉鍊25cm 3條
(6) 5V 碼裝塑鋼拉鍊54cm 1條、
　　5V 塑鋼拉鍊頭 2個
(7) 3.8cm 織帶140cm
(8) 鉚釘8mm×6mm 12組、8mm×8mm 8組

★本包密技★
① 多功能口袋設計，什麼都可以放。
② 拉鍊口袋搖身一變為行李箱拉桿固定帶，使用方便的創意設計。

製作前表袋口袋

01 取前表袋口袋袋蓋 (C) 和袋身 (C2) 表布先車縫特殊襯。
★留意特殊襯的版型各為紙型 C1 和紙型 C3。

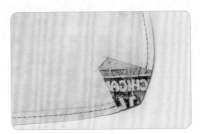

02 袋身特殊襯的褶子部分，如圖修剪以減少縫份。

03 袋蓋表、裡布正面相對。

04 U 字車縫，在弧度處剪牙口。

0.4cm

05 翻回正面，沿邊 U 字車縫裝飾線。完成前表袋口袋袋蓋。

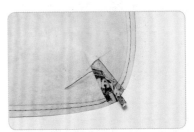

06 口袋袋身表布車縫兩側袋角褶子，如圖留線頭後，打兩個結固定。裡布作法相同。

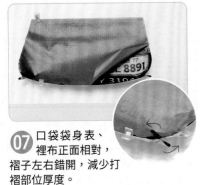

07 口袋袋身表、裡布正面相對，褶子左右錯開，減少打褶部位厚度。

08 四周車縫一圈，上方留返口，在弧度處剪牙口。兩側上方直角部位修剪縫份。

0.5cm

09 翻回正面，沿邊車縫裝飾線一圈，按照紙型標示位置，將皮包釦磁釦底座手縫固定，完成前表袋口袋袋身。

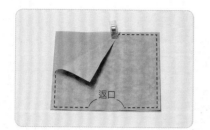

⑩ 取前表袋口袋內筆插表、裡布正面相對，四周車縫一圈，下方留返口。

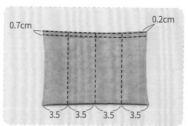

⑪ 返回正面，上方車縫 2 道裝飾線。前表袋口袋內開放口袋作法相同。在此筆插布先做分隔記號。

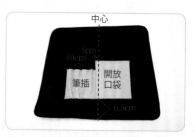

⑫ 前表袋先車縫特殊襯。如圖依記號位置，將前表袋口袋內筆插和開放口袋，車縫固定在前表袋。

⑬ 筆插的作法如圖。

⑭ 筆插底部車縫時，將多的部分倒向中心。

⑮ 按照紙型標示位置，將⑨完成的前表袋口袋袋身，車縫在⑫的前表袋上。

⑯ 取步驟⑤的口袋袋蓋，如圖放在紙型標示位置上車縫固定。

⑰ 再將袋蓋往上翻，沿邊 1cm 車縫固定。按照紙型標示位置，安裝皮包釦以鉚釘固定。

⑱ 袋蓋再往下摺，距離邊 0.5cm 車縫固定。完成前表袋口袋。

製作後表袋拉鍊口袋

⑲ 依紙型標示位置車縫提把。完成前表袋。

⑳ 取 3V 定寸拉鍊 25cm 兩條，車縫擋布 (作法參考 P.116 ⑬)。

㉑ 裁剪上、中、下後表袋表布 (A1、A2、A3)、拉鍊上口袋布 (A2)、下口袋布 (A4) 各一片。

㉒ 將兩條拉鍊與中後表袋布 A2 的上下兩側各自對齊,正面相對疏縫(拉鍊的方向可以錯開)。

㉓ 取上口袋布與中後表袋正面相對,車縫固定上下兩側的拉鍊。

㉔ 翻出正面,距離拉鍊邊車縫裝飾線。

㉕ 將中後表袋背面與下口袋布正面相對,上下兩側各自對齊疏縫。

㉖ 取上後表袋布 A1 與上方的拉鍊,下後表袋表布 A3 與下方的拉鍊,各自正面相對車縫固定。

㉗ 回到正面,距離拉鍊邊車縫裝飾線。

㉘ 再次確認版型。

㉙ 和特殊襯四周車縫。

㉚ 按照紙型標示位置,車縫提把。完成前表袋。

製作側袋身、側口袋、袋口拉鍊

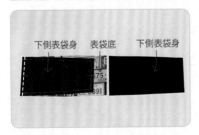

㉛ 將表袋底的兩側和下側表袋身 (B1) 的下方,兩者正面相對並車縫固定,縫份倒向袋底中心,先不要壓線。

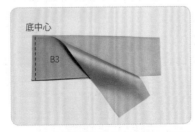

㉜ 取兩片裡側身袋底 (B3),正面相對車縫底中心,縫份倒向兩側,先不要壓線。

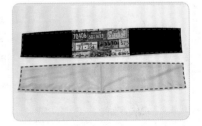

㉝ 表、裡側身袋底各自與特殊襯四周車縫一圈。

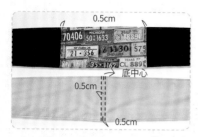

34 袋底如圖壓線固定。完成表、裡側身袋底。

35 取表側口袋表、裡布正面相對，底部對齊車縫，上方不車。

36 回到正面表、裡布上方對齊，以側口袋裝飾布滾邊，完成如圖右。

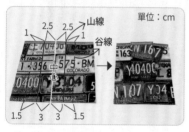

37 如圖左記號線，車縫山線（實線）、谷線（虛線），完成如圖右。

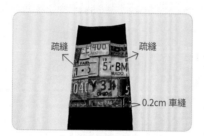

38 將表側口袋車縫固定在表側身袋底，另一側作法相同。

39 袋口的樣子。

40 完成表側身袋底組合。

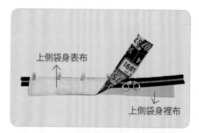

41 將上側袋身表布與特殊襯車縫。再取 5V 塑鋼拉鍊 54cm，套入兩個拉鍊頭。上側袋身表、裡布正面相對，置中夾車拉鍊。

42 回到正面，沿著拉鍊邊車縫裝飾線。另一側作法相同。完成袋口拉鍊組合。

43 取表、裡側身袋底正面相對，夾車袋口拉鍊組合。

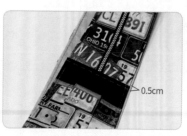

44 回到正面，在側身袋底壓線，另一側作法相同。

45 完成側袋身。

㊻ 取 3.8cm 寬 140cm 長的織帶製作斜背帶，兩端套入 3.8cm 口型環。作法參考 P.15，將問號鉤改成口型環。

㊼ 將掛耳套入斜背帶口型環，再以鉚釘與側袋身固定。

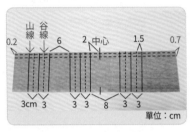

㊽ 裁剪立體口袋的用布，表、裡布正面向對，上方車縫。
★表布比裡布寬 1cm。

㊾ 回到正面，上方車縫二道線，。依照記號，車縫山線(實線)、谷線(虛線)。

㊿ 完成如圖。

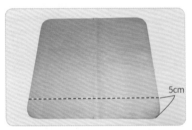

51 袋口立體褶子的樣子。

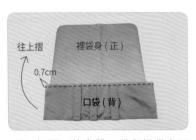

52 在裡袋身標示立體口袋的位置(先黏布用雙面膠)。

53 如圖，將立體口袋與裡袋身正面相對，放在記號線上，縫份0.7cm 車縫。

54 立體口袋往上摺，底部距離邊0.2cm 車縫固定。

組合

55 用手將口袋分褶處扳開，從袋底車分隔線。

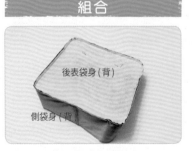

56 立體口袋的兩側與裡袋身疏縫，裁去多餘的部分。另一側裡袋可依個人需求製作口袋。

57 將側袋身與後表袋身正面相對，四周車縫接合(側袋身弧度處可剪牙口)。

58 如圖將側袋身往後表袋身正面中心摺好。

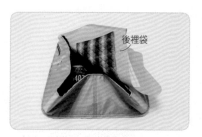

59 取後裡袋，正面向下。

60 四周車縫一圈，袋底留返口(至少 25cm)，以利翻出。

61 翻出後，整理好並縫合返口。

62 取前表袋正面相對，四周車縫接合。

63 側袋身往中心摺好，蓋上前裡袋。

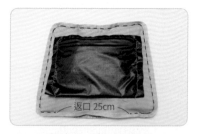

64 四周車縫一圈，袋底留返口。

65 從返口翻出整理好，縫合返口。

66 回到表袋，以鉚釘固定提把。

67 完成。

製作時可依需求調整筆插及貼式口袋間距，符合日常使用習慣。

智慧雙拉鍊，平日使用是口袋，出國時則成為可套入行李箱拉桿的固定帶。

★ 紙型索引 ★

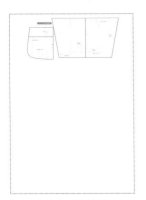

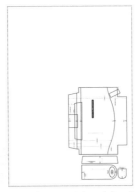
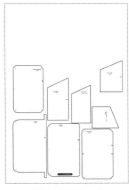
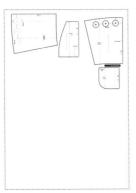
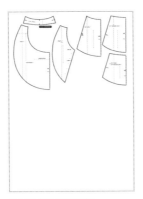

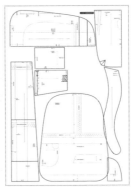

★ 紙型索引 ★

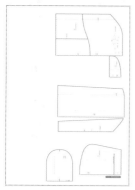

P.091 │ 蝶飛口金兩用包
（C面）

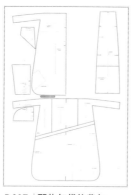

P.097 │ 那些年袋後背包
（C面）

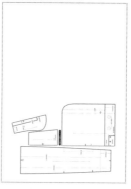

P.103 │ 街頭旅人抓褶包
（C面）

P.108 │ 米蘭時尚後背包
（A面）

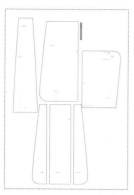

P.114 │ 英國風雙拉鍊郵差包
（D面）

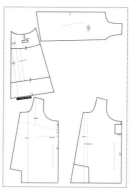

P.120 │ 摩登女王兩用包
（C面）

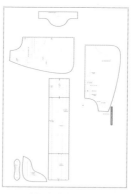

P.127 │ 新文青咖三用肩背提包
（D面）

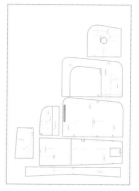

P.135 │ 都市遊俠型男出差包
（D面）